土木工程前沿学术研究著作丛书(第2期)

钢骨超高强混凝土框架结构体系抗震性能研究

张建成 著

武汉理工大学出版社
·武 汉·

图书在版编目(CIP)数据

钢骨超高强混凝土框架结构体系抗震性能研究/张建成著.—武汉:武汉理工大学出版社,2020.11

(土木工程前沿学术研究著作丛书·第2期)

ISBN 978-7-5629-6340-0

Ⅰ.①钢…　Ⅱ.①张…　Ⅲ.①钢骨混凝土-钢筋混凝土框架-框架结构-抗震性能-研究　Ⅳ.①TU398

中国版本图书馆CIP数据核字(2020)第218508号

项目负责人:高　英　　**责任编辑**:高　英

责任校对:张明华　　**版面设计**:正风图文

出版发行:武汉理工大学出版社

地　　址:武汉市洪山区珞狮路122号

邮　　编:430070

网　　址:http://www.wutp.com.cn

经 销 者:各地新华书店

印 刷 者:广东虎彩云印刷有限公司

开　　本:787×1092　1/16

印　　张:10.25

字　　数:206千字

版　　次:2020年11月第1版

印　　次:2020年11月第1次印刷

定　　价:48.00元

凡购本书,如有缺页、倒页、脱页等印装质量问题,请向出版社发行部调换。

本社购书热线电话:027-87391631　87664138　87785758　87165708(传真)

前　言

钢骨超高强混凝土(SRUHSC)组合结构具有优良的承载能力和抗震延性,其满足了现代建筑“高强低耗”的发展需求。依托国家自然科学基金面上项目(No.51178078):基于延性的型钢超高强混凝土框架结构体系抗震性能与抗震设计关键技术研究,本书致力于对 SRUHSC 框架结构体系的抗震性能进行研究。主要内容如下:

(1) 开展两跨三层 SRUHSC 框架结构拟静力试验。观测 SRUHSC 框架结构在低周反复荷载作用下的破坏形态和裂缝开展,并对试件的荷载-位移曲线、水平承载能力、位移延性、耗能能力以及强度刚度退化等进行了分析。结果表明:在高轴压力的条件下,SRUHSC 框架结构的滞回曲线圆润饱满,顶点及各层间位移延性系数达 4.32～6.06,结构的强度和刚度退化较为平缓,具有良好的变形性能和耗能能力。

(2) 开展钢骨超高强混凝土 SRUHSC 与钢骨普通强度混凝土(SRNSC)框架结构体系抗震性能对比性研究。通过对两个框架模型试件进行低周反复荷载试验,研究了它们的破坏形态、荷载-位移滞回曲线、水平承载能力、位移延性、耗能能力以及强度刚度退化等抗震性能,并对它们进行对比分析。试验结果表明:在设计轴压比为 0.75 的条件下,二者均能实现梁铰破坏机制,荷载-位移滞回曲线均较饱满,两框架的整体及各层间延性系数均大于 3.0,具有良好的延性;在承载能力、位移延性、耗能能力、强度退化和刚度退化等方面,组合框架均优于钢骨普通强度混凝土框架,表明在超高强混凝土中通过合理地配置钢骨和高强箍筋,既能充分发挥其高强抗压性能,提高承载能力,又能改善其脆性,增强结构的延性,从而具有更好的抗震性能。

(3) 鉴于目前缺乏 SRUHSC 框架结构的恢复力计算模型,本书基于 SRUHSC 框架结构低周反复加载试验的结果,提出了考虑加载循环退化效应的 SRUHSC 框架结构恢复力模型,运用 MATLAB 编写相应的计算程序。通过对比 P-Δ 滞回环以及等效黏滞阻尼系数 h_{eq}、耗能比 ζ、功比指数 I_w 三个抗震耗能参数的模拟值与试验值,结果表明,滞回环及各参数的吻合度均较好,该恢复力模型可较准确地反映 SRUHSC 框架结构的主要受力特征,可为

SRUHSC 框架结构的抗震性能研究提供一定的理论依据。

(4) 基于 SRUHSC 框架结构抗震试验的研究结果，利用 ABAQUS 对其进行非线性有限元分析，研究了该结构体系的承载能力、刚度退化以及出铰机制。有限元模拟的计算结果与试验的实测结果吻合度较好。在此基础上，本书还对该结构体系进行了参数分析，研究了轴压比、混凝土强度、框架柱的体积配箍率、框架柱的含钢率、框架柱中钢骨的屈服强度以及框架梁柱线刚度比等参数对其力学性能的影响。结果表明：随着混凝土强度、钢骨屈服强度以及梁柱线刚度比的增大，能够有效提高结构的水平承载能力和初期弹性段的刚度，但对结构整体的抗震延性提升不大，影响较小；增大框架柱中的体积配箍率和含钢率，对结构水平承载能力和抗震延性均有明显提升；然而增大轴压比，除略微提高了结构弹性段的刚度外，结构的水平承载能力与抗震延性均有明显降低。

借出版之际，首先感谢我的博士生导师贾金青教授。导师严谨的治学态度、渊博的理论知识、敏锐的学术思维、精益求精的工作态度以及诲人不倦的师者风范值得我终生学习。在此，我还要感谢一直以来给予我无限关爱的家人，正是他们的无私关爱和鼎力支持，才有今天的我。

本书的出版得到了中国博士后科学基金面上项目(No.2019M661710)、江苏省高等学校自然科学研究面上项目(No.18KJB560006)、江苏科技大学优秀教学团队项目以及江苏科技大学苏州理工学院土木工程品牌专业建设项目的资助，在此一并表示感谢。

本书是作者多年科研实践及教学经验的积累，虽经过不断完善，但疏漏之处在所难免。诚望广大读者及同行对本书的不足之处提出宝贵意见，使本书更臻完善。

张建成

2020 年 5 月

目　录

1 绪　论

1.1 研究背景与意义

地震是人类社会在自然灾害中遭受损失最严重的一种地质灾害。破坏性地震往往在没有任何征兆的情况下突然发生，大地震撼、地裂房塌，甚至摧毁整座城市，并且震后的次生灾害(如火灾、水灾、瘟疫等)更是让灾情雪上加霜，给人类带来极大的损害。有关统计显示，1995 年日本阪神大地震，死亡人数超过 5000，经济损失达 1000 多亿美元[1,2]；2010 年海地发生大地震，伤亡人数高达 20 多万，首都太子港及全国大部分地区受灾严重[3]；1976 年中国唐山发生 7.8 级大地震，让这座百万人口的工业重镇遭受灭顶之灾，瞬间被夷为平地，仅死亡人数就超过 24 万，重伤者 16.4 万[4]；2008 年中国四川省汶川县发生 8.0 级特大地震，造成 69227 人死亡、17923 人失踪、374643 人受伤，直接经济损失高达 8451 亿元[5,6]的大灾难。地震破坏实例如图 1.1 所示。强烈的地震损毁了大量建筑，造成了严重的人员伤亡和重大的经济损失，尤其是一些重要建筑设施的破坏，包括医院、交通枢纽等，给本已严峻的救灾工作雪上加霜，从而引发灾难性的后果。因此，对抗震设防区，尤其是高烈度区的建筑结构进行抗震研究尤为重要。

良好的抗震性能是建筑结构抵御地震灾害的关键。各种结构形式的抗震性能表现得大不相同，在历次大地震中，如 1995 年日本阪神大地震[1]，发现钢筋混凝土结构建筑遭严重破坏，钢结构建筑在焊接钢框架梁-柱节点附近发生了较严重的脆性断裂破坏；在 1994 年美国加州圣费南多谷地的北岭地震(Northridge Earthquake)[7]中，钢结构建筑也出现了焊接钢框架梁-柱节点附近发生明显的脆性断裂破坏。然而，配置实腹式钢骨混凝土结构的建筑在数次高强度地震中仅发生了轻微的破坏[1,2]。由此可以看出，钢骨混凝土组合结构是一种较为理想的抗震结构形式，在过去几十年里已得到各国结构工程师的青睐，发展迅速、应用广泛[8-12]。

我国是一个地震多发的国家，历史上有记载的震级在 7 级(含 7 级)以上的大地震就多达 111 次，抗震设防烈度在 6 度以上的地区几乎涵盖全

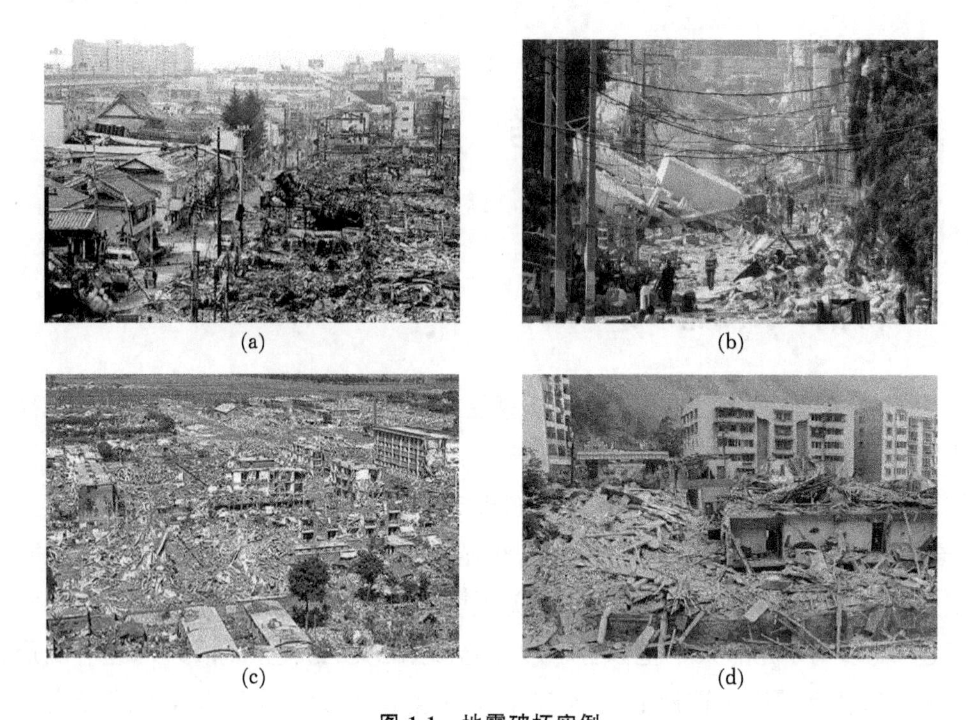

图 1.1 地震破坏实例

(a)阪神地震;(b)海地地震;(c)唐山地震;(d)汶川地震

国[13,14]。况且,当前我国城市化进程加快,规模扩大、人口稠密,为高效利用日趋紧张的土地资源,建成了大量高层、超高层建筑。随着高层、超高层建筑类型、数量的增加,以及对建筑大空间使用功能的需求,建筑中各构件,尤其是柱子所要承担的荷载在显著增大。混凝土作为最普遍的建筑材料,不断地向着更高强度的方向发展。超高强混凝土作为现代工程中混凝土的发展趋势,具有抗压强度高、耐久性能好、徐变小等特点[15],它的推广使用,满足了建筑工程轻量化、高层化、大跨化、重载化的发展需求,使资源和能源消耗减少,增加了经济效益[16-18]。尽管如此,相较于普通强度的混凝土,超高强混凝土上升段的应力-应变曲线斜率较大、走势较陡,达峰值后又快速降低,几乎没有下降段,表现出很强的脆性特征,从而使超高强混凝土结构的延性难以满足抗震要求。因此,如何在充分发挥其材料自身优势的同时,又能提高超高强混凝土结构的抗震延性,是工程界和学术界共同关注的科学问题。

为改善超高强混凝土结构的延性问题,国内外工程师尝试在超高强混凝土中配置实腹式型钢,从而形成钢骨超高强混凝土组合结构,实践证明,效果良好。比如,广州保利国际广场工程(35 层,高 150 m)中便在部分钢骨混凝土柱中成功使用了 C100 级超高强混凝土[19];美国西雅图哥伦比亚中心大厦

(76层,高 294 m)底层便使用了强度达到 120 MPa 的钢骨超高强混凝土柱[20]。在轧制型钢或焊接钢板的周围配置钢筋并浇筑超高强混凝土,依靠钢骨与超高强混凝土的黏结,充分利用钢材优良的抗拉性能、变形性能以及超高强混凝土卓越的抗压性能和耐久性能,从而使钢骨超高强混凝土组合结构具有良好的受力性能[21]。

外包的超高强混凝土不仅对钢骨架有较强的约束作用,防止其局部屈曲,提高结构的整体刚度与抗扭能力,而且还可显著改善钢构件易屈曲失稳和出平面扭转屈曲性能,使钢材的强度和变形能力得以充分发挥。同时,内置的型钢骨架对超高强混凝土也有较强约束作用,使其处于不同程度的三向受压状态,提高混凝土极限压缩变形能力,明显改善该组合结构在地震荷载下的延性[21]。因此,钢骨超高强混凝土组合结构让两种材料互相协调、互相制约,在充分发挥自身材料性能优势的同时,又能有效遏制自身缺陷所带来的影响,结构整体受力性能明显优于钢骨和超高强混凝土两种结构的简单叠加[15,18,21]。钢骨超高强混凝土组合结构与其他结构形式相比具有良好的受力特性和经济效益。与钢结构相比,钢骨超高强混凝土组合结构的优势主要有:①使结构具有更大的刚度和阻尼,利于控制结构变形,提高抗震性能;②钢骨外包超高强混凝土,可有效提高整体结构的耐久性能和耐高温性能[21];③大量节约钢材,经济效益显著[15]。与钢筋混凝土结构相比,钢骨超高强混凝土组合结构通过内置钢骨加强了对混凝土的约束,使混凝土的脆性得到改善,能大大提高结构的延性[18]。与钢骨普通混凝土组合结构相比,钢骨超高强混凝土组合结构具有承载力高、自重小、耐久性佳等优点,且经济效益显著。同时,强度等级较低的混凝土不仅消耗掉大量不可再生的宝贵资源,而且耗能严重,污染环境[15]。因此,提高混凝土强度等级,在实际工程中推广使用钢骨超高强混凝土组合结构不仅是经济、技术的要求,也是时代发展的要求[22]。

将钢骨超高强混凝土组合结构运用在地震区,也可使得建筑具有较好的使用性能和抗震性能。其在地震区,尤其是地震高烈度区,有很广阔的应用前景。其中钢骨超高强混凝土框架结构是钢骨超高强混凝土组合结构中最主要的结构形式,其不仅可以是纯框架结构,也可以与其他结构形式组合形成框架剪力墙结构、框架筒体结构等。

通常,结构的破坏分为两种类型:脆性破坏和延性破坏。其中,脆性破坏是指结构在破坏前无明显变形或其他预兆的破坏,历史上发生的特大建筑事故大多属于脆性破坏;而延性破坏是指结构在破坏前有明显变形或其他预兆的破坏。因此,延性破坏显然是抗震设计理想的破坏方式,且位移延性的好坏是表征结构抗震性能优良与否的重要指标[23]。若要保证框架结构具有良好的破坏机制,首先须确保其构件具有良好的位移转角,其次经优化设计,形成"强柱弱梁"的结构模式。倘若构件的延性不佳,结构的整体延性也不会满足延性要求;倘若不能做到"强柱弱梁"或破坏机制较差(比如在结构上部还较为完好的状况下,底层柱根部最先产生塑性铰),即便构件具有良好的转角延性,也难以发挥应有的作用,结构整体的延性要求难以得到满足[24,25]。

目前各国的钢筋混凝土设计规程中都不同程度地反映了延性设计的理念,以使结构在小震时处于弹性工作阶段而不发生实质性的破坏,在强震时结构完全能够产生较大的变形,吸收并耗散地震所施加的能量,不至于倒塌。在历次大地震中,钢骨混凝土结构仅仅发生轻微的破坏,表现出良好的抗震延性[1,7]。在对 C60、C80 及 C100 混凝土结构的抗震性能进行研究的过程中发现[21]:在常规的钢筋混凝土结构中,单纯提高混凝土强度等级,并不能使结构的承载力得到有效提升,其主要原因是由于超高强混凝土具有很强的脆性,传统的配筋模式和普通性能的钢材难以对其进行有效的约束,这便直接导致结构整体延性的降低,从而使高强混凝土材料的优势无法得以充分发挥。已有研究表明[22,26,27]:在超高强混凝土中配置高强箍筋并内置钢骨,由内而外构成多重约束体系,利用超高强混凝土的抗压性能以及钢材的抗拉、抗剪性能,将二者完美结合,充分发挥各自的效能,相互支撑、协调工作,可显著提高其构件的抗弯、抗剪强度,明显改善超高强混凝土的脆性特质。相较于普通的超高强混凝土结构,在结构承载能力和抗震延性方面,钢骨超高强混凝土构件均有较为明显提升,满足了现代建筑"高强低耗"的发展需求。然而,目前有关于型钢超高强混凝土框架抗震性能方面的研究,主要集中在柱、节点构件承载力、延性等方面;而关于框架整体的研究很少。缺乏关于构件延性与结构整体延性的关系,结构延性与抗震设计原则之间的关系等方面的研究。

更为要紧的是,目前超高强混凝土的理论研究远滞后于工程实践。我国现行的《组合结构设计规范》(JGJ 138—2016)[28]和《钢骨混凝土结构技术规程》(YB 9082—2006)[29]对 C80 以上强度的混凝土均未建立统一的行业标准,这一缺陷严重制约了高强材料在大跨径、超高层等建筑工程领域的应用和推广[30]。同时,随着混凝土强度等级的提高,尤其是超高强混凝土,其脆性特征越发明显，导致超高强结构的抗震延性较差，使得工程中不得不采用加大柱子截面而降低轴压比的方式[21]来满足规范中结构整体抗震延性的要求（位移延性系数 $\mu_{\Delta} \geqslant 3.0$），而通过降低轴压比来保证结构延性却又无法体现和充分利用超高强混凝土材料性能的优势及特点，故而保证结构良好延性与提高其承载力是一对突出矛盾，这也是超高强混凝土在工程应用中的难点。

综上所述，基于本课题组之前在钢骨超高强混凝土构件层面抗震试验的研究成果[15,26,31,32]，本书优化设计了一种新型框架组合结构，即钢骨超高强混凝土柱-钢骨普通强度混凝土梁组合框架结构体系（为简便起见，书中无特殊说明的地方，这种框架结构均简称为钢骨超高强混凝土框架结构）。本书系统地研究这种框架结构体系的力学性能和抗震性能，提出能够满足抗震延性要求的设计方法及抗震措施，为工程应用和相关规范的制定提供技术支持。因此，本书的研究具有一定的工程意义和实用价值。

1.2 国内外相关工作研究进展

1.2.1 超高强混凝土的研究与应用

进入 21 世纪，人类社会面临的人口膨胀、资源和能源短缺以及环境恶化三大难题，非但没有得到有效解决，反而有恶化的趋向，形势十分严峻。混凝土材料作为最主要的建筑工程材料之一，也是一个重要环境污染源。开发与应用混凝土的过程，也是人类社会对自然资源消耗与报废的过程，其间伴随着巨大的资源、能源消耗以及环境污染，直接威胁人类的生态环境。况且我国是混凝土的生产和应用大国，混凝土的年生产量高达 12 亿～13 亿 m^3，其规模超过了世界生产总量的 40%。因而，我国迫切需要发展混凝土的材料和技术，它将直接关系到我国经济建设的全面、协调、可持续发展。

一般认为，高强混凝土是指使用一般的制作工艺，采取常规的水泥和砂石，依靠添加一定量的活性矿物材料和高效减水剂，使其形成工作性良好，并在硬化后具有高强高密实性的混凝土。由于高强混凝土具有强度高、耐久性好、徐变小、和易性好、可泵性佳等特点[15,26]，即使在恶劣条件下也可保持坚固耐用，保护钢筋不被锈蚀，满足了土木与建筑工程的发展需求，经济效益显著增长[22]，因此，已成为当前混凝土材料研究领域的热点。

20 世纪 60 年代，由于高效减水剂的研制成功，使混凝土技术性能大幅提升，其强度和流态大为改善。进入20世纪90年代，随着粉体工程的开展，使混凝土所达到的强度远远超出了工程中正常使用的范围。研制工作性能优良的超高强混凝土最有力的物质保障就是新型高效减水剂的研制成功和在混凝土中添加了矿物质超细粉，其技术途径是：使用高效减水剂，不仅降低了混凝土水胶比，而且还使混凝土具有较好的流动性和保塑性；同时，利用掺加矿物质超细粉，可有效改善水泥石与粗骨料的界面结构以及水泥石自身的孔状结构，从而显著提高了混凝土的强度、抗渗性和耐久性[33]。

与国外研制的活性粉末混凝土相比，超高强混凝土强度与之相当，并具有原料易得、制备简单、施工容易、成本低廉等优势，这将成为未来混凝土科技发展的主导方向[15,34]。

在超高强混凝土的配制方面，蒲心诚等[35,36]通过常规材料与工艺成功研制了超高强混凝土，该超高强混凝土90 d的抗压强度达到150 MPa，并研究了改变胶凝材料的配比和成分对该混凝土强度及流动性所产生的影响；基于此，王冲等[37]进一步对150～200 MPa强度级别的混凝土进行了可行性研究，并提出解决粗骨料的缺陷问题是配制超高强混凝土的最佳途径。陈应钦等[38]研究了100～120 MPa大流动性高性能混凝土，从外加剂的研究出发，仅用540 kg/m^3的胶结料配制出大流动性、高弹性模量、低坍落度损失、低收缩及高拉压强度比的高强度高性能混凝土。郭向勇[39]等通过改变胶凝材料用量、掺合料种类、水胶比、减水剂品种及用量、粗骨料的最大粒径、含砂率以及养护时间等参数，研究了超高强混凝土的强度和流动性的关系。谭克锋[40]等研究了矿物掺合料对混凝土强度的影响，分析了细磨的粉煤灰、矿渣对混凝土的增强作用。杜修力等[41,42]对超高强混凝土的配制及基本力学性能进行了研究，其中研究的力学性能包括：立方体抗压强度、轴心抗压强度、劈裂抗拉强度、抗弯强度以及弹性模量等。Kay Wille 等[43,44]研究了在常温、常压下，不同组合的胶凝材料、细骨料及减水剂对超高强混凝土整体性能的影响并给出了配制超高强混凝土的技术路线。

可见，国内外的超高强混凝土配制技术已日趋成熟，在工程中应用超高强混凝土也越发增多，尤其是在高层、超高层建筑以及大跨度桥梁结构上。国际上对超高强混凝土应用的工程实例，概略如表1.1所示[46]。

表 1.1 超高强混凝土的应用实例

序号	年份	混凝土强度	建筑类型	国别
1	1990 年	105 MPa	Japan Center Office Frankfort	德国
2	1997 年	200 MPa	Serbrooke Bikeway Bridge	加拿大
3	1993—1999 年	100 MPa	高层、超高层住宅	日本
4	2001 年	200 MPa	酒田未来桥	日本
5	2004 年	130 MPa	高层、超高层住宅	日本

(1) 国际方面

加拿大魁北克的 Serbrooke Bikeway Bridge[图 1.2(a)]是使用超高强混凝土材料的第一个大型建筑结构，该工程是由美国、加拿大、瑞士、法国共同进行超高强混凝土开发的一项试点工程，在使用高强材料后，极大地减轻了该工程结构的自重，还保证了结构的整体刚度[47]。图 1.2(b)是日本大成建设在川崎市设计建造的 The Kosugi Tower 超高层住宅，该建筑中各层所使用的混凝土强度等级如图 1.2(b)右侧所示，在施工过程中，通过改变混凝土的强度等级可将各层柱按统一尺寸(1000 mm×1000 mm)建造，这不仅简化了施工的难度、提高了建造的效率，而且还有利于户型和构件的统一[48]。美国于 2001 年在伊利诺伊州用超高强混凝土材料建成了 18 m 直径的圆形屋盖，该屋盖因未用任何钢筋而大大缩短了施工周期，并因其先进的建筑材料和结构形式获得 2003 年 Nova 奖提名。美国西雅图市的 Two Union Square[图 1.2(c)]，共 58 层，高 230.15 m，由于采用了强度高达 131 MPa 的超高强混凝土，使得该大厦的整体工程造价降低约 30%，而且节省了大量的钢材、水泥等不可再生资源，使得该工程成为超高强混凝土应用于超高层建筑的全球典范。美国芝加哥建造的 West Wacker Drive[图 1.2(d)]，其底层柱中混凝土强度达到 97.3 MPa，且大大缩小了柱子的截面尺寸[49]。2008 年以前，美国已生产了强度达到250 MPa的混凝土。日本的太平洋水泥集团于 2003 年开发了 100 MPa 的高强度水泥；2008 年又开发了强度为 200 MPa 的特种水泥。韩国的首尔大桥采用超高强混凝土材料，跨度达 120 m，这种尺寸采用普通混凝土是无法实现的，而使用高强结构不仅充分满足了材料强度的要求，还因其高耐久性，在随后几年的运营维修中节省了大量的维修保养资金。

图 1.2　超高强混凝土建筑

(a) Serbrooke Bikeway Bridge；(b) The Kosugi Tower；(c) Two Union Square；
(d) West Wacker Drive；(e) 广州国际金融中心；(f) 深圳京基大厦

(2) 国内方面

我国在许多工程中也试用了 C100～C120 强度等级的超高强混凝土，如北京财税大楼首层柱子，便使用了 C110 级超高强混凝土；沈阳大西电业园、沈阳福林大厦，也使用了 C100 超高强混凝土；广州国际金融中心[图 1.2(e)]位于广州珠江新城核心区，主塔楼地上 103 层，总高度达 437.5 m，使用了泵送 C100 超高强混凝土，成为超高强混凝土在我国工程应用的典范[18]。深圳京基大厦[图 1.2(f)]研发和应用了 C120 超高强混凝土，并在工程中试验应用，泵送到了 416 m 的高度。

超高强混凝土对承受压力的构件有显著的技术与经济效益，它不仅可以减少构件截面尺寸、降低混凝土用量，还能节约造价、降低成本。在高层、超高层建筑中，由于超高强混凝土的高强、早强和高变形模量，可以缩小底层梁柱的截面并增加使用面积、扩大建筑的柱网间距并改善建筑的使用功能，还可以通过增加结构刚度而减少高层、超高层建筑的压缩变形量与水平荷载下的侧向位移。比如，以 C120 代替 C60 至 C80 的混凝土为例，其不但使建筑结构体系发生了变化，而且其结构还具有尺寸小、占地少、自重轻、耐久性好等优点[50]。国内外经验表明，超高强混凝土的技术和经济效果十分明显，见表 1.2[46]。

表 1.2　超高强混凝土的技术和经济效果

混凝土强度	技术和经济效果
60 MPa 代替 30～40 MPa	混凝土用量降低 40%
	钢材用量降低 39%
	工程造价降低 20%～35%
80 MPa 代替 40 MPa	构件的体积、自重均可缩减 30%
120 MPa 代替 60～80 MPa	柱子截面尺寸缩小，梁跨度增大，建筑物可利用空间增大

过去超高层建筑框架结构通常使用粗柱、短梁，现在由于超高强混凝土的应用，正逐渐过渡成细柱、长梁的筒式结构。图 1.3 给出了应用超高强混凝土使结构体系发生的变化，从图中可发现，这种变化显著增大了建筑的使用面积，空间利用率大大提高。

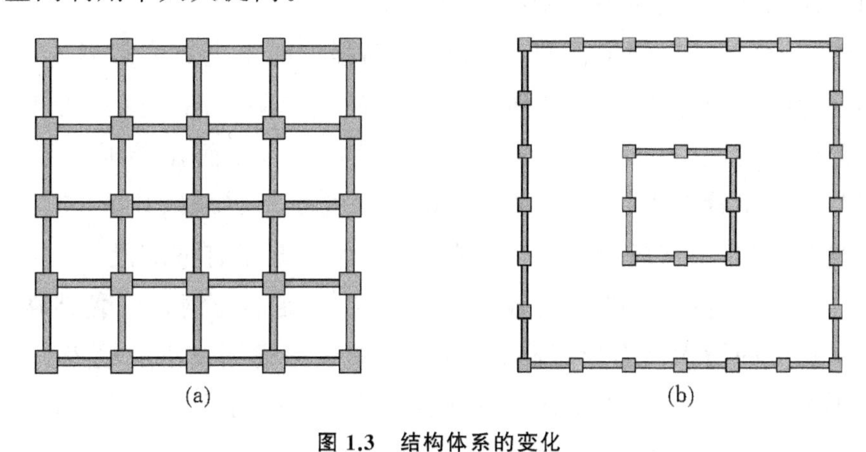

图 1.3　结构体系的变化

(a)传统框架结构；(b)筒式结构

1.2.2　超高强混凝土的特点

目前各个机构对混凝土强度的划分尚无明确界限，也不统一。综合起来，一般认为抗压强度在 50 MPa 以下是普通混凝土，50～100 MPa 是高强混凝土，而 100 MPa 以上则认为是超高强混凝土。

我国的现代化建筑正向着高层化、大跨化、重载化及结构轻量化的方向发展，超高强混凝土因其具备强度高、耐久性好、徐变小等优点，满足了建筑结构的发展要求，同时也吻合建筑结构高强低耗的发展趋势。其主要优点如下[18]：

① 强度高。卓越的抗压性能是超高强混凝土最显著的优点。在结构尤其是作为主要承载构件的柱中采用超高强混凝土，能显著提高其承载能力和刚度；还可以减小构件的几何尺寸，减轻结构自重，从而有效增大建筑的使用面积。

② 耐久性好。超高强混凝土因添加了活性矿物(粉煤灰、硅粉等)，利用高效减水剂实现了小水胶比。因而，其材料质地密实，在低温、腐蚀、潮湿的恶劣环境中均有上佳表现，耐久性良好。

③ 早期强度高和弹性模量大。只需养护 7 d，其立方体抗压强度即可达到养护28 d强度的 80％～85％。施工中，利用这一特性可加快模板的周转，提高施工进度。

④ 徐变小。能减小由于混凝土徐变而产生的应力重分布对混凝土压应力的卸载作用，降低预应力结构的预应力损失。

尽管如此，与普通强度混凝土相比，超高强混凝土也有诸多不足之处[18]：

① 高脆性。该特性是超高强混凝土的最大缺陷。超高强混凝土由于其水泥石密度较高，混凝土的强度及弹性模量均较大，故而在受压破坏时，其破坏界面多从其粗骨料中间直接劈裂。超高强混凝土受压时应力-应变关系曲线呈直线上升，且斜率较大，下降段则非常陡峭甚至没有下降段。

② 与钢骨的黏结强度相对较低。超高强混凝土与钢骨的黏结强度虽然随其抗压强度的增大而有所提高，但提高的幅度呈逐渐变小的趋势。

③ 横向变形较小。超高强混凝土刚度大，在轴向压力作用下，其横向变形较普通强度混凝土小很多，因此造成箍筋对混凝土的被动约束作用也相应较小。

④ 超高强混凝土对原材料的选取、配合比的控制均有严格规定，且在施工过程中，如浇筑、振捣、养护等环节对管理的要求更高。

故而开发超高强混凝土，合理地利用，扬长避短，充分发挥其优势，对未来建筑具有重大意义。

1.2.3 超高强混凝土的本构关系

高强、超高强混凝土由于其卓越的力学性能，已在建筑结构中得到越来越多的应用。尽管如此，相较于普通强度的混凝土，高强、超高强混凝土的脆性特征显著，尤其是在反复荷载作用下，其应力-应变本构关系是研究该种结构抗震延性的重要基础。混凝土本构模型通常可分为未约束、受约束两种形式。其中，受约束混凝土是指受到箍筋、型钢或钢管等约束的混凝土。已有未约束、受约束的混凝土本构模型可分为三类[51]。

（1）采用统一公式表达的混凝土单轴应力-应变关系

Sargin 等[52]提出了普通强度的混凝土本构模型，它是这一类混凝土本构模型中其他混凝土本构模型的研究基础。其他学者关于混凝土本构模型适用的混凝土强度、约束形式以及数学关系式均列于表 1.3 中。其中，Attard 和 Setunge 提出的本构模型适用的混凝土强度范围较广，普通强度、高强度和超高强混凝土均可使用。但需注意的是，该类本构模型均只考虑了混凝土受到均匀侧压，故不适用于箍筋配置不对称的钢筋混凝土结构或者钢骨混凝土结构。

表 1.3 基于 Sargin 模型的第一类约束混凝土本构模型

提出的学者	混凝土强度	约束形式	$Y=[AX+(D-1)X^2]/[1+(A-2)X+DX^2]$	
			系数 A	系数 D
Sargin 等[52]	普通	无约束	$E_c\varepsilon_{co}/(kf'_c)$	$0.65-7.25f'_c\times10^{-3}$
Wang 等[53]	普通	无约束	对上升段、下降段取不同的常数	
Ahmad 和 Shah[54]	普通	螺旋箍筋	E/E_p	$1.111+0.876A-4.0883(\tau_{oct}/f'_c)$
Ahmad 和 El-Dash[55]	普通、高强	螺旋箍筋	E_c/E_p	$(16.5/\sqrt{f'_c})/[f_l/(s/d_{sp})]^{0.033}$
Attard[56]和 Setunge	20～130 MPa	均匀围压	$E_{ti}\varepsilon_{cc}/f_{cc}$	$(A-1)^2/\alpha[1-(f_{pl}/f_{cc})]$ $+A^2(1-\alpha)/\alpha^2(f_{pl}/f_{cc})[1-(f_{pl}/f_{cc})]$
Assa 等[57]	20～90 MPa	螺旋箍筋	$E_c\varepsilon_{cc}/f_{cc}$	$[(\varepsilon_{80}/\varepsilon_{cc})^2-(0.2A+1.6)(\varepsilon_{80}/\varepsilon_{cc})+0.80]$ $/[0.2(\varepsilon_{80}/\varepsilon_{cc})^2]$

注：f'_c为混凝土标准圆柱体抗压强度（MPa），可近似取 $f'_c=0.79f_{cu,k}$[91]，$f_{cu,k}$为混凝土立方体抗压强度标准值（MPa）；f_c为未约束混凝土抗压强度（MPa）；f_{cc}为约束混凝土的峰值应力（MPa）；E_c为混凝土弹性模量，$E_c=4700\sqrt{f'_c}$（MPa）；E_{ti}为混凝土初始切线模量（MPa）；E_p 为混凝土达到应力峰值时的割线模量（MPa）；k 为结构试件中混凝土最大应力与 f'_c的比值；f_l 为箍筋侧向约束应力（MPa）；f_{pl}为箍筋侧向约束应力的峰值（MPa）；τ_{oct}为混凝土八面体剪应力（MPa）；ε_{cc}为约束混凝土峰值应力 f_{cc}对应的应变；ε_{co}为未约束混凝土峰值应力对应的应变；ε_{80}为混凝土应力下降至峰值应力的 80%时对应的应变；$X=\varepsilon_c/\varepsilon_{cc}$；$Y=\sigma_c/f_{cc}$；$D$ 为影响混凝土单轴应力-应变关系曲线下降段斜率的参数。

（2）用曲线表示应力-应变关系上升段，用直线表示其下降段（表1.4）

Kent和Park[58]提出一个用于描述被矩形箍筋约束的混凝土的单轴应力-应变关系模型，用二次抛物线表示上升段，用直线表示下降段。根据模型，配置箍筋只影响曲线的下降段，而不影响曲线上升段，即未提高混凝土强度，但改善其延性。此后，Park等[59]对这个模型进行了改进，改进后的模型考虑了由于配箍引起的混凝土峰值应力和应变的增大。由于Kent和Park模型高估了高强混凝土的初始弹性模量，故Razvi、Saatcioglu、Mendis等对该模型进行了改进，使其可用于高强及超高强度的混凝土。

表1.4　基于Kent和Park模型的第二类约束混凝土本构模型

提出的学者	混凝土强度	约束形式	上升段（$\varepsilon_c \leqslant \varepsilon_0$）	下降段（$\varepsilon_0 \leqslant \varepsilon_c \leqslant \varepsilon_{20}$）
Kent和Park[58]	普通	矩形复合箍筋	$f_{cc}[2(\varepsilon_c/0.002)-(\varepsilon_c/0.002)^2]$	$f_{cc}[1-Z(\varepsilon_c-0.002)]$
Park等[59]	普通	矩形复合箍筋	$Kf'_c\{2[\varepsilon_c/(0.002K)]-[\varepsilon_c/(0.002K)]^2\}$	$Kf'_c[1-Z(\varepsilon_c-0.002K)]$
Scott[60]等	普通	矩形复合箍筋	$Kf'_c\{2[\varepsilon_c/(0.002K)]-[\varepsilon_c/(0.002K)]^2\}$	$Kf'_c[1-Z(\varepsilon_c-(0.002K)]$
Sheikh和Uzumeri[61]	普通	矩形复合箍筋	$Kf'_c[2(\varepsilon_c/\varepsilon_{cc})-(\varepsilon_c/\varepsilon_{cc})^2]$	$f_{cc}[1-Z(\varepsilon_c-\varepsilon_{cc})]$
Saatcioglu等[62]	普通	螺旋矩形复合箍筋	$f_{cc}[2(\varepsilon_c/\varepsilon_{cc})-(\varepsilon_c/\varepsilon_{cc})^2]^{1/(1+2K)}$	$f_{cc}[1-Z(\varepsilon_c-\varepsilon_{cc})]$
Razvi和Saatcioglu[64]	普通 高强 超高强	螺旋矩形复合箍筋	$f_{cc}xr/(r-1-x^r)$	$f_{cc}[1-Z(\varepsilon_c-\varepsilon_{cc})]$
Mendis等[65]	普通 高强	螺旋矩形复合箍筋	$Kf'_c[2(\varepsilon_c/\varepsilon_{cc})-(\varepsilon_c/\varepsilon_{cc})^2]$	$Kf'_c[1-Z(\varepsilon_c-\varepsilon_{cc})]$

以上各模型中的符号具体表达如下：

$$x=\frac{\varepsilon_c}{\varepsilon_{cc}};r=\frac{E_c}{E_c-E_{sec}};E_{sec}=\frac{f'_c}{\varepsilon_{cc}};K=1+\frac{\rho_{sv}f_{yh}}{f'_c};Z=0.5/\left(\frac{3+0.29f'_c}{145f'_c-1000}+0.75\rho_s\sqrt{\frac{b_g}{s}}-0.002K\right)$$

注：f'_c为混凝土标准圆柱体抗压强度（MPa）；f_{cc}为约束混凝土的峰值应力（MPa）；f_{yh}为箍筋的屈服强度（MPa）；ε_c为约束混凝土的应变；ε_{cc}为约束混凝土峰值应力f_{cc}对应的应变；ε_{20}为约束混凝土应力下降至峰值应力的20%时对应的应变；K为箍筋对混凝土强度提高系数；Z为应变软化斜率系数；E_c为混凝土初始切线模量（MPa）；ρ_{sv}为箍筋的体积配箍率；b_g为箍筋内侧所约束的混凝土的宽度（mm）；s为箍筋间距（mm）。

(3) 以 Mander 模型为基础的混凝土应力-应变本构关系[66]

因该部分内容将在第 6 章中作详细论述,故在此先不作阐述。

1.2.4 钢骨混凝土组合结构的特点

钢骨混凝土(Steel Reinforced Concrete,SRC)结构是指钢骨与外包钢筋混凝土共同承受荷载的组合构件构成的结构体系。与外包钢结构和钢管混凝土结构的钢材外露不同,SRC 的钢材全部包裹于内。该结构在日本称为钢骨混凝土结构或型钢混凝土结构,在欧美国家称为混凝土包钢结构(Steel Encased Concrete,SEC),而俄罗斯则称为劲性钢筋混凝土结构[67]。本书一律称为钢骨混凝土结构。

钢骨混凝土结构中,钢骨的形式分为实腹式和空腹式。实腹式钢骨是由钢板焊接而成或由工厂直接将钢板轧制成工字型、H 字型和十字型等。实腹式钢骨的腹板可提供较大的抗剪承载力,有效提高构件的抗震性能。空腹式钢骨是采用角钢或小型钢通过缀板连接形成的格构式钢骨架,有平腹杆和斜腹杆。空腹式钢骨混凝土构件的受力性能因与钢筋混凝土构件基本形同,且施工相对复杂,因此在抗震工程中一般采用实腹式钢骨混凝土结构。目前常见的钢骨混凝土梁、柱、节点以及剪力墙构件截面形式如图 1.4 所示。

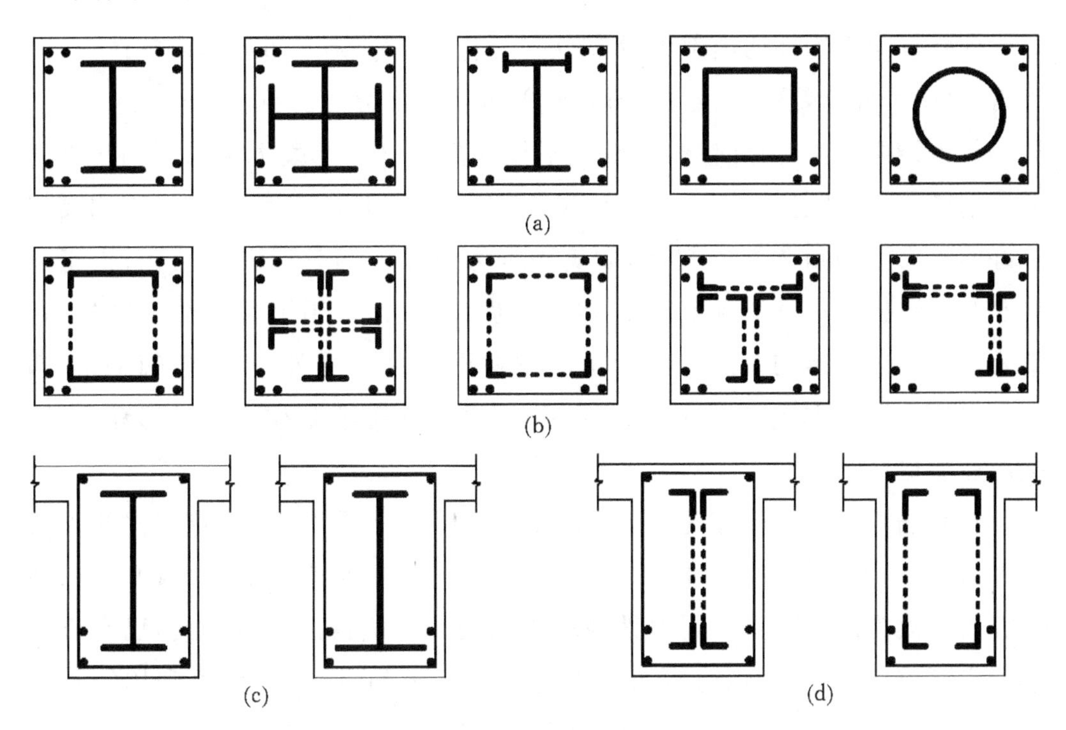

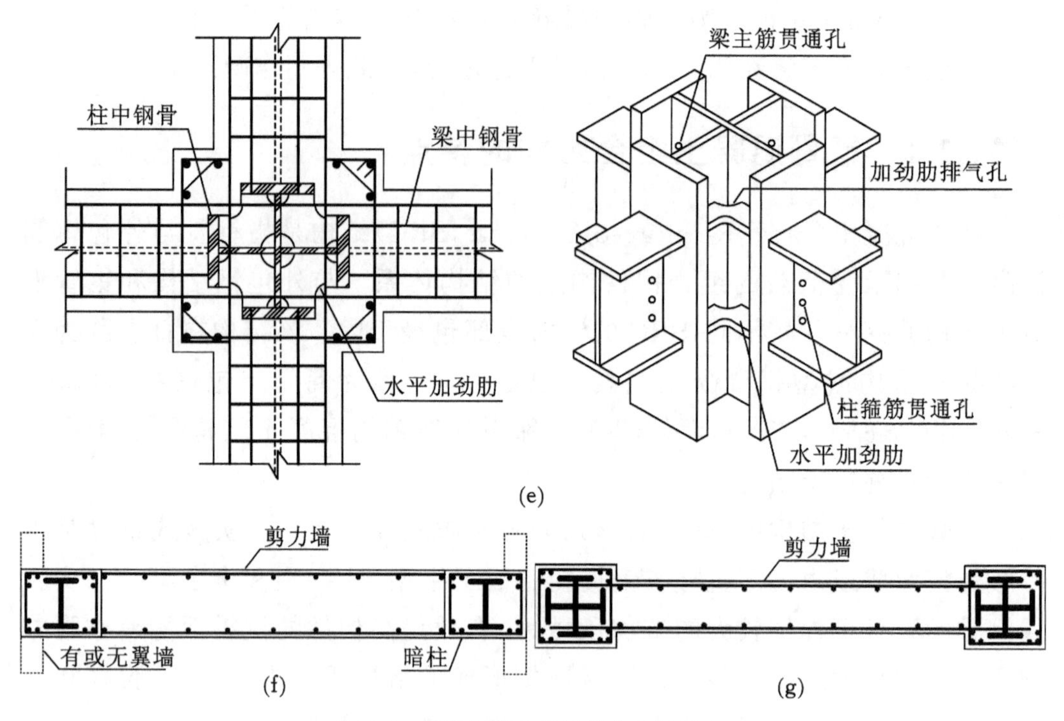

图 1.4　钢骨混凝土常用结构构件形式

(a)钢骨混凝土实腹式柱截面;(b)钢骨混凝土空腹式柱截面;(c)钢骨混凝土实腹式梁截面;(d)钢骨混凝土空腹式梁截面;(e)钢骨混凝土梁柱节点;(f)无边框钢骨混凝土剪力墙;(g)有边框钢骨混凝土剪力墙

钢骨混凝土构件的内部钢骨部分与外包钢筋混凝土部分形成整体、共同受力,其受力性能要优于钢骨部分和钢筋混凝土部分的简单叠加。

与钢结构相比,因外包的混凝土不仅提高了钢骨混凝土结构中钢构件的整体刚度,防止其过早屈曲,能充分发挥钢材的强度作用,而且还让结构具有更好的抗火性和耐久性。起初,欧美国家大力发展钢骨混凝土结构,也正是出于对钢结构抗火性和耐久性的担忧。统计表明,采用钢骨混凝土结构,正常要比使用纯钢结构节约一半以上的钢材用量[33]。另外,相较于纯钢结构,钢骨混凝土结构具有更大的刚度和阻尼,更有利于控制结构的变形和振动,抗震性能更佳。

与钢筋混凝土结构相比,钢骨混凝土结构因配置了钢骨,使构件的承载力大为提高,尤其是采用实腹式钢骨时,构件的受剪承载力有很大的提高,使抗震性能大为改善。正是因钢骨混凝土结构具有优良的抗震性能,已在日本得到广泛应用。此外,钢骨混凝土本身具有一定的承载力,可以利用钢骨混凝土承受施工阶段的荷载,并将模板悬挂于钢骨架上,安装方便,节省了模板和支撑构件,有利于加快施工速度,缩短了施工周期。

钢骨混凝土结构可广泛应用于多层建筑、高层结构、大跨径结构、高耸结构、桥梁结构、地下结构以及结构的加固和改造工程等。目前在高层、超高层建筑以及高耸建筑中,结构全部采用或在结构底部若干层采用钢骨混凝土结构形式的情况越发增多。比如,日本在 20 世纪后 20 年建造的多、高层建筑中,6 层以上采用钢骨混凝土结构的占 45.2%,10 至 15 层的采用钢骨混凝土结构的占 90%,16 层以上甚至更高的超高层建筑采用钢骨混凝土结构的也占了 50%,即便是以钢结构为主的高层建筑,其底部几层也通常需采用钢骨混凝土的结构形式[33]。

1.2.5 钢骨混凝土组合结构的研究

构件受力性能研究是对钢骨混凝土框架进行研究的基础。国内外学者对于钢骨混凝土框架构件承载力和抗震性能的研究,已取得较为丰富的成果。

(1) 构件层面

① 国外

国外对于型钢混凝土构件的研究起步较早。1904 年,英国工程师为提高钢柱的耐火性能而将其外侧用混凝土包裹,产生了世界上最早的钢骨混凝土组合柱结构[68,69]。后来欧美学者通过大量钢骨混凝土构件基本性能的试验研究表明,外包混凝土与内置的钢骨可以协调工作[70-73]。欧美国家发展钢骨混凝土结构的初衷是为提高钢结构的耐火性及耐久性,故而,欧美国家的设计规范[74-76]在建立钢骨混凝土计算理论时,主要采用试验与数值模拟为基础的经验公式。近些年,伴随混凝土高强低耗的发展趋势,在钢骨混凝土梁、柱构件层面,Kaminska[77]研究了混凝土强度在 80～100 MPa 的钢骨混凝土组合构件(梁、短柱、长柱)的受力性能以及钢骨与高强混凝土二者之间的黏结性能。Shanmugam 等[78]对钢骨-混凝土(100 MPa以下)长柱受力性能的部分试验研究与部分理论分析进行了总结,并与钢柱的受力性能进行了对比,还研究了长期荷载效应、混凝土约束效应以及钢骨与混凝土的黏结滑移效应等。Ricles 等[79]通过对配箍率、轴压比、剪跨比、混凝土强度以及钢骨抗滑栓等试验参数的研究,深入分析了钢骨混凝土柱的抗震性能。试验中所用的混凝土强度为 C30～C60。Sherif 等[80]通过对比钢骨普通强度与高强混凝土柱在承载力与抗震延性方面的差别，指出箍筋对上述两个抗震指标具有明显的影响。Sherif 等[81]、Chen 等[82]着重对钢骨混凝土节点进行了研究，使用 C50 混凝土，主要考虑试验参数是配箍率和轴压比。

② 国内

关于梁、柱构件，贾金青等[83]对钢骨混凝土（C60、C100）柱的抗震性能进行了试验和理论研究，分析了剪跨比、轴压比、配箍率以及含钢率等因素对钢骨混凝土柱抗震性能的影响，提出了满足抗震延性要求的轴压力系数。车顺利[84]对钢骨混凝土（70～100 MPa）梁在不同剪跨比、不同加载方式、不同含钢率、不同型钢翼缘宽度比以及不同界面剪切连接方式等试验参数情况下，进行了试验研究，对破坏形态、承载力、裂缝宽度进行了分析，探讨了钢骨高强混凝土梁的优化设计。李俊华等[85]对 20 个钢骨混凝土柱进行了低周反复加载试验，考虑不同剪跨比、轴压比、体积配箍率以及混凝土强度（C60、C80）等试验参数，分析了不同参数对试件破坏形态、位移延性以及耗能能力等抗震性能的影响。我国对钢骨混凝土节点的研究，开始于 20 世纪 80 年代中期，唐九如、陈雪红[86]和姜维山、赵鸿铁等[87]对混凝土强度等级为 C20 的钢骨混凝土梁-钢骨混凝土柱组合边节点进行了抗震性能试验研究，所考虑的参数为轴压比、配箍率以及含钢率。西安建筑科技大学于 1985—1989 年间，先后进行了 44 根短柱、17 根梁、10 个框架梁柱节点的钢骨混凝土构件试验研究，并对钢骨混凝土柱正截面承载能力的计算以及非线性分析方法进行了研究[33]。王连广等[88]对混凝土强度为 C70 的钢骨高强混凝土柱-钢筋混凝土梁组合边节点进行了抗震性能试验研究，所考虑的参数为轴压比、配箍率以及含钢率等。曾磊[27]进行了钢骨高强混凝土框架节点抗震性能的试验研究，分析了轴压比与混凝土强度对抗震性能的影响，试验中混凝土强度等级为 C60、C80、C100。贾金青[22,26,32,89]等系统地研究了钢骨超高强混凝土框架柱、梁柱中节点的承载力和抗震性能，研究了轴压比、钢骨截面形式、配箍率对节点承载力、延性、滞回性能的影响。

(2) 结构体系层面

尽管国内外对于钢骨混凝土框架构件的研究已取得一定的成果，但仍有很多课题需要研究。国内方面，侧重于试验方面研究，根据试验现象分析了构件的破坏形式、抗震延性等，并根据试验数据拟合承载力公式，而没有提出能合理反映构件力学性能的弹塑性分析模型。而且，在节点研究方面，大都针对中节点，少数针对边节点的研究中采用的混凝土强度比较低，仅为C70。国外方面，虽然对钢骨混凝土构件层面的研究起步较早，但是多数针对柱子，在梁柱节点方面研究较少，且采用的混凝土强度也不高。

国内外关于钢骨-混凝土组合框架结构方面的研究多集中于钢筋混凝土柱-钢梁（叠合梁）框架，钢骨混凝土柱-钢梁（钢骨混凝土梁、钢筋混凝土梁、叠合梁）框架，以及钢柱-叠合梁框架三个方面。而对于钢骨超高强混凝土框架结构（钢骨超高强混凝土柱-钢骨混凝土梁框架、钢骨超高强混凝土柱-混凝土梁框架）的研究，却明显滞后于工程应用。

① 国内

薛建阳等[90]进行了两跨三层1/8缩比例尺钢骨混凝土梁柱框架模型抗震性能的振动台试验研究，所使用的混凝土为C30。刘祖强[91]分别对3榀缩尺比为1/2.5的两跨三层的型钢混凝土异形柱框架（即空腹式配钢的异形柱中框架、实腹式配钢的异形柱边框架和实腹式配钢的异形柱中框架）进行低周反复加载试验，研究了这种框架结构的破坏机制及各参数对其力学性能的影响，所使用的混凝土为C30。李忠献等[92]对翼缘削弱的钢骨混凝土梁柱框架两跨三层1/3缩比例尺模型进行了抗震性能试验研究，并探讨了一种“强柱弱梁”的实现方法，所使用的混凝土仅为C20。郑山锁等[93]进行了一榀两跨三层钢骨高强混凝土框架的拟静力试验研究，观测了在低周反复荷载作用下钢骨高强混凝土框架的裂缝开展和破坏模式，并分析了结构的力学特性，得到了在循环荷载作用下框架的荷载-位移滞回曲线，给出了钢骨高强混凝土框架的水平承载能力、变形、刚度和耗能等抗震特性参数的取值，对承载力和刚度的衰减规律进行了分析，该框架结构中，梁与柱的混凝土强度等级均为C90。

② 国外

国外很少有研究涉及钢骨混凝土框架结构，尤其是针对钢骨超高强混凝土框架结构抗震性能的研究。Chen、Cordova等[94,95]对钢筋混凝土柱-钢梁框架进行了设计、施工、试验以及设计条文分析等方面的研究，所采用的混凝土强度为40 MPa。Bursi和Zandonini等[96]进行了钢筋混凝土柱-钢梁四跨两层空间框架的试验研究，所采用的混凝土强度为25 MPa。Salari等[97]对钢筋混凝土柱-叠合梁框架中钢骨与混凝土的黏结性能进行了非线性分析。

可以看出，国外缺少对钢骨超高强混凝土框架结构的研究，尤其对钢骨超高强混凝土框架结构体系抗震性能的研究更是欠缺。国内虽然开展了一定数量的钢骨混凝土框架结构的研究，但多是针对钢骨普通强度混凝土框架；况且，即便开展了部分钢骨超高强混凝土框架的试验研究，也仅仅从试验层面对结构的抗震性能进行了分析；针对抗震设计中最重要的结构延性问题，缺乏理论研究，如构件延性与框架结构延性的关系，结构延性与抗震设计原则之间的关系，即抗震设计中如何实现结构的延性等。而国外也未见有关于钢骨超高强混凝土框架的研究。

此外，随着超高强混凝土在钢骨混凝土组合结构工程中的推广应用，国内外关于型钢混凝土组合结构体系方面的规范（规程）也普遍存在滞后于工程应用的问题。欧洲钢与混凝土组合结构规范[76]规定混凝土强度 $f'_c \leqslant 50\ \mathrm{N/mm^2}$，$f'_c$为混凝土圆柱体的抗压强度，相当于我国的 C60 混凝土；美国钢结构学会标准[68]规定型钢混凝土的强度为 $20.7\ \mathrm{N/mm^2} \leqslant f'_c \leqslant 55.0\ \mathrm{N/mm^2}$，$f'_c$仍为混凝土圆柱体的抗压强度，其强度范围大致在我国 C25～C65 之间；我国现行规范《组合结构设计规范》(JGJ 138—2016)[28]和《钢骨混凝土结构技术规程》(YB 9082—2006)[29]中混凝土强度等级最高也只达到 C80。可见，现行规范对 C100 以上钢骨超高强混凝土结构不适用，这也将影响该结构体系的应用与发展。

1.2.6 现存的问题

综上所述，国内外对于钢骨超高强混凝土框架结构体系抗震性能和抗震设计方法的研究仍不完善，存在以下问题需要深入研究：

(1) 对于钢骨超高强混凝土结构的研究主要集中于构件层面，如柱、节点等，鲜有涉及体系范畴，且构件试验研究较多，尚未建立合适的有限元模型。

(2) 针对钢骨超高强混凝土框架结构体系抗震性能的研究，试验与理论研究均偏少，尤其是关于构件延性与结构延性之间的关系、结构延性与抗震设计的关系，即抗震设计中如何保证结构延性等方面的研究。这将严重影响钢骨超高强混凝土结构体系在地震区的应用。

(3) 国内外关于钢骨超高强混凝土框架结构体系方面的研究滞后于工程应用，更无相应的规范指导工程实践，这也将影响该结构体系的应用与发展。

本书拟针对上述研究中存在的问题，对钢骨超高强混凝土框架结构的力学性能、抗震性能及抗震设计方法展开系统的研究，重点研究钢骨超强混凝土框架构件延性与结构整体延性的关系、结构延性与抗震设计的关系，即抗震设计中如何实现结构的延性，并建立能适用于钢骨超强混凝土框架结构体系弹塑性分析的恢复力模型和非线性分析有限元模型。以期为钢骨混凝土组合结构、高层建筑结构、建筑抗震等方面规范的完善和发展，以及工程实际应用提供理论和试验依据。

综上所述，为适应我国社会、经济建设的快速发展，满足现在建筑结构大跨重载、高强低耗的发展方向，开展钢骨超高强混凝土框架结构力学行为、抗震性能与抗震设计方法的研究，很有必要。

2 试验设计及加载装置

2.1 引言

近年来，超高强混凝土（Ultra-High Strength Concrete，UHSC）因具有强度高、耐久性好、可减小构件尺寸以及节约材料等优点，越来越广泛应用于高层建筑及大跨度桥梁等工程结构中[30]。现代抗震设计理念要求结构构件在地震中仍具有良好的延性和耗能能力。相对于普通强度混凝土（Normal Strength Concrete，NSC），UHSC具有更小的极限压应变、更优越的抗拉压力学性能以及优异的耐久性能。然而，在同等约束条件下，UHSC脆性更强，这就限制了其在地震区域的应用[26]。因此，近年来为进一步推广其在震区的应用，对UHSC结构的抗震性能研究也愈发增多。之前的研究表明[98]，通过在UHSC结构中配置型钢钢骨和高强箍筋，加强对混凝土的约束，使其处于不同程度的三向受压状态，可有效缓解超高强混凝土的脆性问题，提高其极限压缩变形能力，充分发挥钢骨抗拉及超高强混凝土抗压等优良特性，从而使两种材料组合的钢骨超高强混凝土（Steel Reinforced Ultra-High Strength Concrete，SRUHSC）结构具有良好的受力性能和抗震延性。并且，SRUHSC结构通常运用于高层建筑的底层部位，可有效避免因底层柱过于粗壮而占用过多的使用空间。与钢结构相比，SRUHSC结构不仅节约钢材、降低造价，而且具有良好的耐久性和耐火性；与钢筋混凝土结构相比，SRUHSC结构因缩小了构件的截面尺寸，增大了使用空间，减轻了结构自重，并且在显著提高结构强度、刚度的同时，结构的抗震延性也大为改善。因此，SRUHSC结构在震区的高层、超高层建筑中必将得到广泛的应用[89]。

目前国内外尚缺乏相关的钢骨超高强混凝土结构设计规程。欧洲与美国的钢骨混凝土组合结构规范[68,74]中规定的混凝土强度仅大致相当于我国的C60与C65，而我国现行《组合结构设计规范》（JGJ 138—2016）[28]和《钢骨混凝土结构技术规程》（YB 9082—2006）[29]均适用于C80以下的混凝土。国内外对钢骨混凝土结构已开展的研究较多，但其中混凝土基本上为普通强度，涉及超高强领域的文献较少。近些年，对SRUHSC结构的抗震性能研究更为深入，重视程度也逐渐加大，同时，相较于构件，SRUHSC 框架结构体系抗震试验需要巨大的加载设备，尤其是模拟高层建筑中位于底层部位的柱时，因模拟柱所受的轴向压力巨大，使得试验更加困难且价格昂贵。上述种种均导致在 SRUHSC 框架整体结构抗震性能方面的研究依然是空白。故而，迫切需要开展此种研究，这也是本书研究的初衷和动机。

研究表明，在 UHSC 柱中内置钢骨、外配高强箍筋能够显著提高柱截面的曲率延性和抗压能力。并且，SRUHSC 通常用于高层或超高层建筑的底部楼层，因能减小构件截面尺寸，故可有效增大楼层的使用面积。更为重要的是，高层或超高层建筑在受强烈地震时，高层建筑中底部楼层是表征非弹性响应的关键区域，其抗震性能的优劣直接关乎整栋高层建筑在地震时的安危[99]。因此，开展对 SRUHSC 框架结构体系受力性能的研究具有重要的意义。况且目前国内外对 SRUHSC 结构的研究主要集中于构件层面，如柱、节点等，鲜有涉及结构体系的范畴。基于上述考虑，本章通过优化配置、合理设计一种新型的两跨三层 SRUHSC 框架结构体系，在高试验轴压比状态下，对其进行低周反复加载的拟静力试验，分析其抗震性能。本试验内容包括：试件设计、试验材料的选择及其参数测定、试验的测量方案、试验的加载设备、试验过程以及加载方案。

2.2 设计概况

2.2.1 设计背景

(1) SRUHSC 柱[26]

钢骨超高强混凝土中长柱通过合理地配置高强度八边形复合箍筋，不管试验轴压比是 0.38 还是 0.45 的条件下，其仍具有良好的位移延性和耗能能力，即抗震性能优良，适合在震区的高层、超高层建筑中采用；且基于延性的抗震设计思想，Zhu Weiqing 等建议了钢骨超高强混凝土柱轴压比的限值、柱端箍筋加密区长度以及箍筋加密区的最小配筋要求。SRUHSC 柱试验时的加载装置如图 2.1(a)所示。

(2) SRUHSC 柱-SRC 梁框架中节点[89]

相较于普通钢筋混凝土节点，由于超高强混凝土被其内置钢骨强有力地约束，因此 SRUHSC 柱-SRC 梁框架中节点的荷载-位移滞回曲线更显饱满，耗能能力更强，抗震延性更佳；但相对于纯钢框架节点，其耗能和延性相对较差;同时,与 SRUHSC 柱-RC 梁框架中节点相比,其梁的截面尺寸虽然缩小,但是提高了节点的抗震延性和耗能能力。SRUHSC 柱-SRC 梁框架中节点试验时的加载装置如图 2.1(b)所示。

图 2.1　钢骨超高强混凝土结构拟静力试验

(a) SRUHSC 柱;(b) SRUHSC 柱-SRC 梁框架中节点;

(c) SRUHSC 柱-SRC 梁框架边节点;(d) 一跨一层 SRUHSC 柱-SRC 梁框架

(3) SRUHSC 柱-SRC 梁框架边节点[32]

通过对型钢超高强混凝土框架边节点进行低周往复加载试验,贾金青等分别研究了轴压比、配箍率、含钢率对 SRUHSC 柱-SRC 梁框架边节点的破坏形态、位移延性以及耗能能力的影响规律。其研究结果表明:① 随着轴压比增大,节点核心区斜裂缝出现延缓,裂缝宽度减小,斜裂缝与水平轴的交角变大,而当轴压比继续增大至 0.45 时,节点组合体延性很差,表现出典型的脆性破坏特征;② 抗剪承载力随着轴压比增大而增加,但当轴压比大于 0.45 后,抗剪承载力略有下降,因此,不宜仅靠增大轴压比来提高构件承载力;③ 随着轴压比增大,构件的延性大幅降低,耗能能力明显下降,轴压比水平变化对构件延性影响显著;④ 轴压比较小的试件,节点核心区箍筋极限应变较大,箍筋的抗拉强度得到充分发挥;⑤ 在轴压比与配箍率均相同时,梁中内置钢骨后,位移延性系数提高 70%～80%，节点的抗震性能得到显著提高。SRUHSC 柱-SRC 梁框架边节点试验时的加载装置如图 2.1(c)所示。

(4) 一跨一层 SRUHSC 柱-SRC 梁框架[100]

为研究 SRUHSC 柱-SRC 梁一跨一层门式框架结构的抗震性能，贾金青等对其进行了拟静力试验分析，研究了在低周反复荷载作用下此种结构整体的破坏形式和柱根部的破坏过程，并由此分析了与其相对应的滞回曲线和骨架曲线，梁端和柱底的应变，以及各阶段的荷载值和位移值，并通过应变情况判断整体结构的变形情况。通过试验得到框架结构的延性系数、耗能能力、强度退化和刚度退化。结果表明，一跨一层 SRUHSC 柱-SRC 梁框架结构具有良好的延性，正向和反向的延性系数相差不大，耗能能力良好，强度和刚度退化比较缓慢，滞回曲线饱满；柱子是框架结构消耗地震能量的主要组成部分，而梁的约束也提高了结构的整体性和耗能能力，使结构在承载力下降到极限荷载的 80%之后，仍能保持结构整体的稳定性，同时具有一定的耗能能力，保证了结构在大震作用下，仍拥有一定的承载能力，不至瞬间倒塌。一跨一层 SRUHSC 柱-SRC 梁框架试验时的加载装置如图 2.1(d)所示。

2.2.2 试件设计与建造

本试验依托大连理工大学结构工程实验室的设备条件，依据本课题组之前对 SRUHSC 构件的试验结果，按 1/4 缩尺比例制作了 3 个两跨三层框架模型试件，其中一个为钢骨普通强度混凝土框架模型对比试件。所有试件均秉持“强柱弱梁、强剪弱弯、节点更强”的设计原则。

为方便试验中各种加载设备的安装，尤其是反力钢架和水平作动器的布置，特将各框架模型试件设计成相同的几何尺寸，其中：柱的截面尺寸均为 $b \times h = 200\ \text{mm} \times 200\ \text{mm}$；梁的截面尺寸均为 $b \times h = 160\ \text{mm} \times 200\ \text{mm}$；一至三层的层高分别为 1.2 m、1.0 m 及1.0 m；框架计算跨度为 1.875 m。试件中，框架柱的长细比 l_0/b 分别为 6(一层)和 5(二、三层)；框架梁的跨高比 l_n/h 为 8.38。为便于表述，将 3 个框架模型试件分别用字母 A、B、C 表示，其中 C 代表钢骨普通强度混凝土框架模型。

框架模型 A、B、C 的梁中钢筋与柱中钢筋布置均如图 2.2(a)所示。对于框架模型 A，其柱中钢骨布置 Q235 级 HW10 型钢，框架模型 B、C 则均布置 Q235 级 I10 工字型钢；对于梁中钢骨，框架模型 A、B、C 均布置 Q235 级 I10 工字型钢。框架模型梁、柱的配筋情况如图 2.2(a)至(e)所示。各框架模型的基础采用相同的配筋形式，如图 2.2(f)所示，梁柱中节点与边节点的钢骨架三

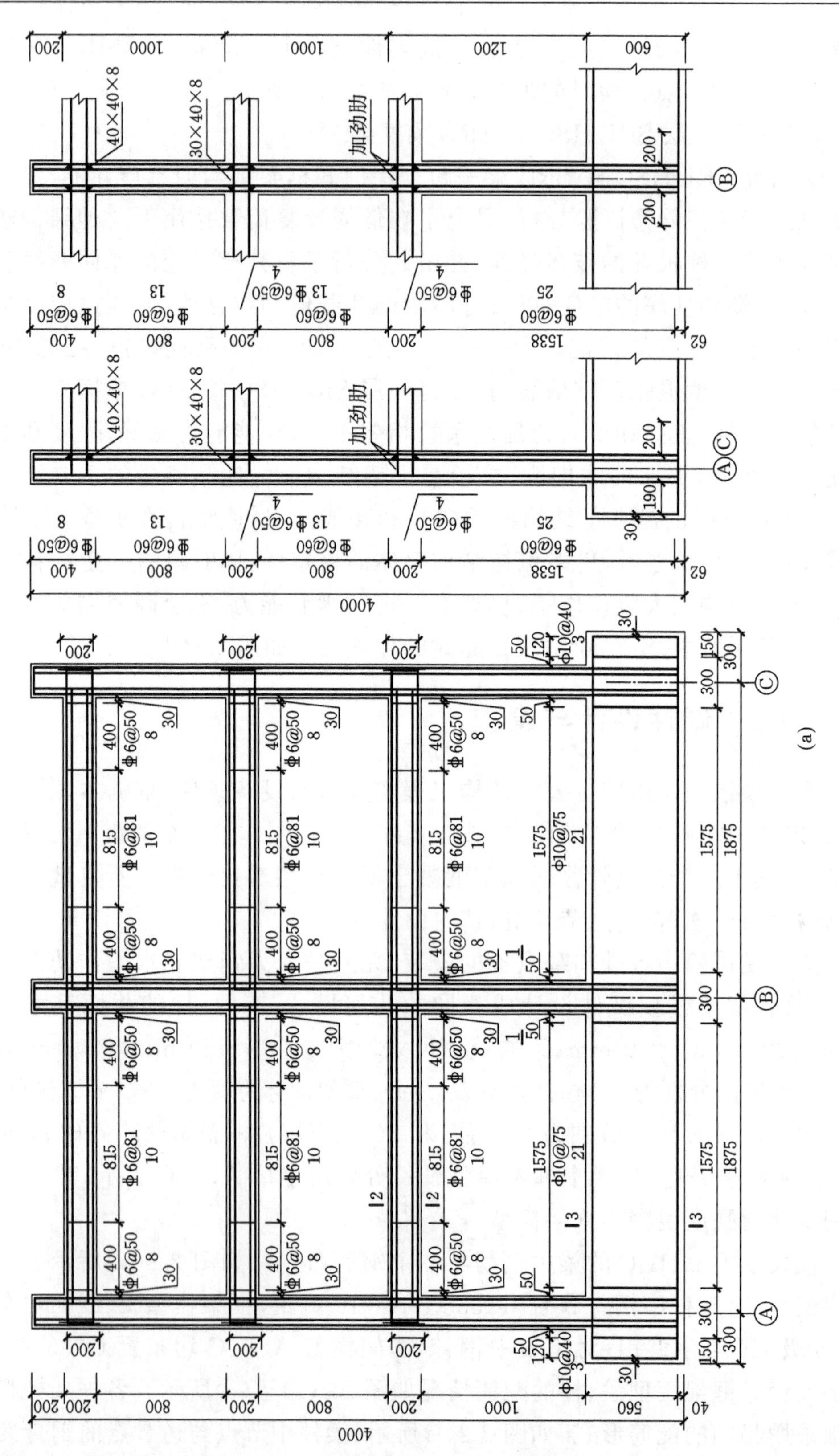
40×40×8
30×40×8
加劲肋
Φ6@50
Φ6@60
Φ6@81
Φ10@75
Φ10@40
1575
1875
4000
A
B
C

(a)

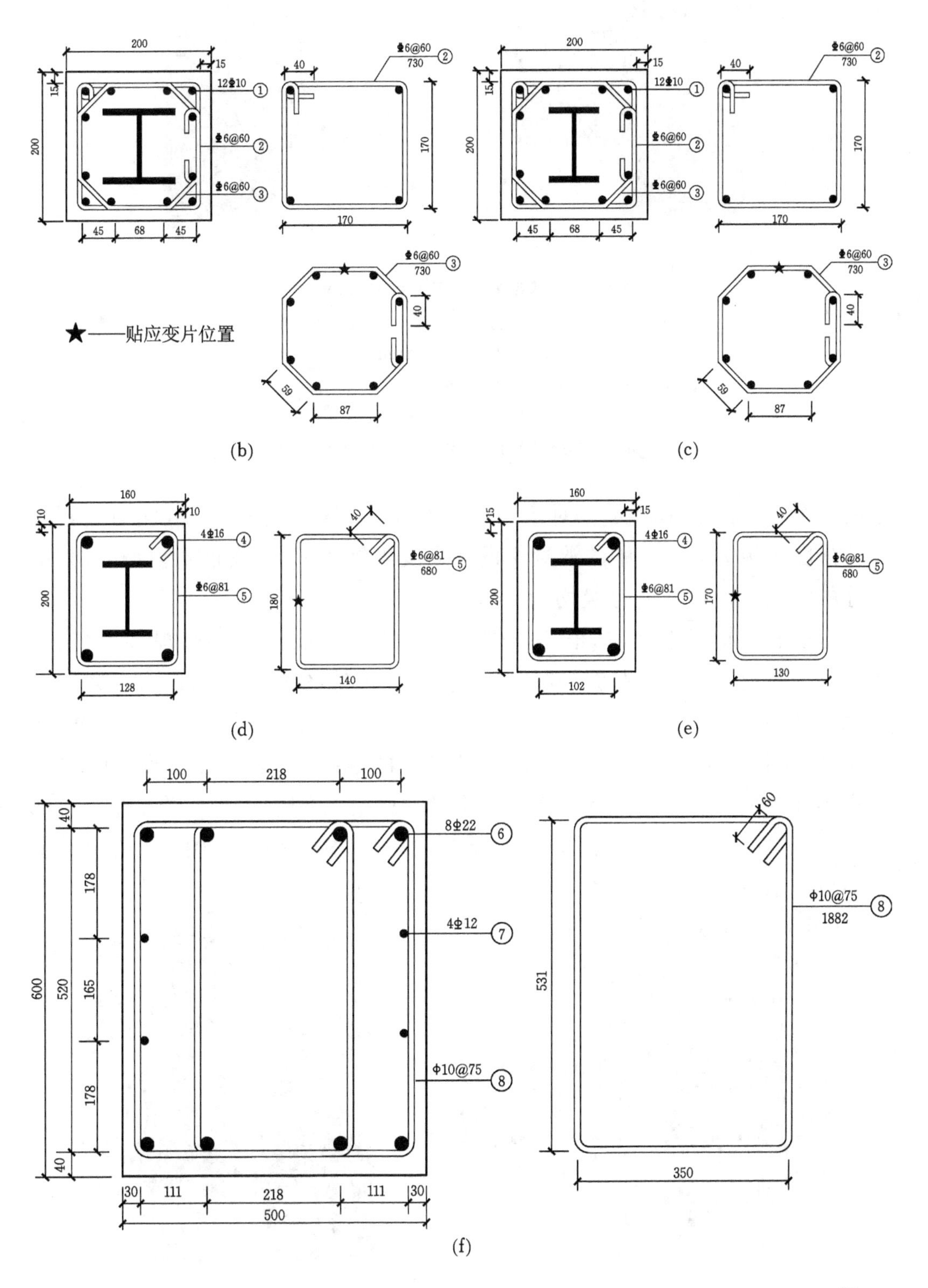

200
15
12⌀10
①
⌀6@60
②
⌀6@60
③
45
68
45
40
730
170
★——贴应变片位置
59
87
160
10
4⌀16
④
⌀6@81
⑤
680
128
180
140
15
102
130
100
218
8Φ22
⑥
4Φ12
⑦
Φ10@75
⑧
1882
600
520
178
165
40
30
111
500
531
350
60

(b)

(c)

(d)

(e)

(f)

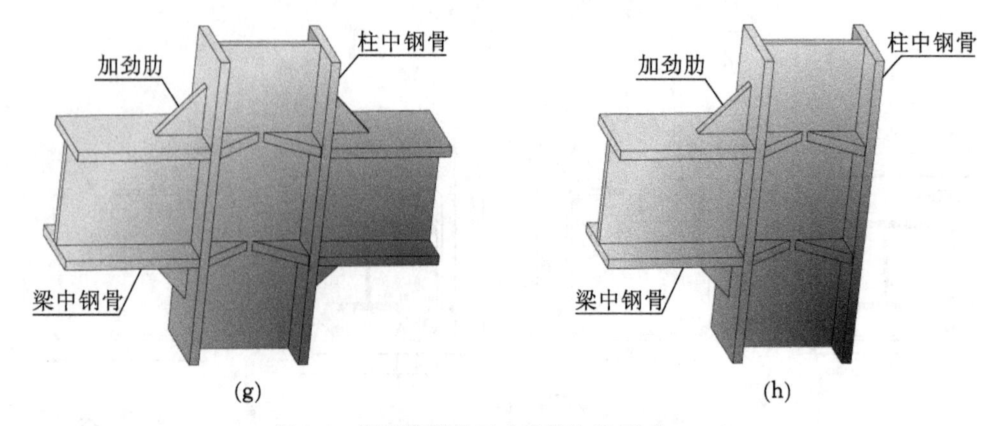

(g) (h)

图 2.2 框架模型的尺寸及其构造(单位:mm)

(a) 框架模型梁与柱中配筋图;(b) 截面 1—1(框架模型 A);
(c) 截面 1—1(框架模型 B、C);(d) 截面 2—2(框架模型 A);
(e) 截面 2—2(框架模型 B、C);(f) 截面 3—3(框架模型 A、B、C);
(g) 梁柱中节点钢骨架三维图(框架模型 A、B、C);
(h) 梁柱边节点钢骨架三维图(框架模型 A、B、C)

维图如图 2.2(g)、(h)所示。对于两个 SRUHSC 框架模型 A、B,柱的混凝土设计强度等级为 C100,梁的混凝土设计强度等级为 C40;而框架模型 C,其梁与柱的混凝土设计强度等级均为 C40。

与普通结构工程类似,框架试件制作过程中,钢材的切割、焊接及绑扎、混凝土的搅拌、模板的支护、试件的浇筑与养护等各个操作流程均在大连理工大学结构工程实验室外完成(图 2.3)。需要说明的是:对于 SRUHSC 框架模型 A、B,因其梁与柱中采用不同强度等级的混凝土,故而在支模板时在梁柱交界处的前后面分别开缝,插入两块薄板(挖去梁中钢骨、钢筋通过的部分)并固定好,待梁、柱中混凝土分别浇筑完毕后,抽出薄板。图 2.4 所示为安装薄板的示意图。

(a)

(b)

(c)

(d)

图 2.3 框架试件的建造

(a) 梁柱中节点钢筋骨架；(b) 梁柱边节点钢筋骨架；

(c) 基础模板及钢筋骨架；(d) 浇筑完毕后的框架模型

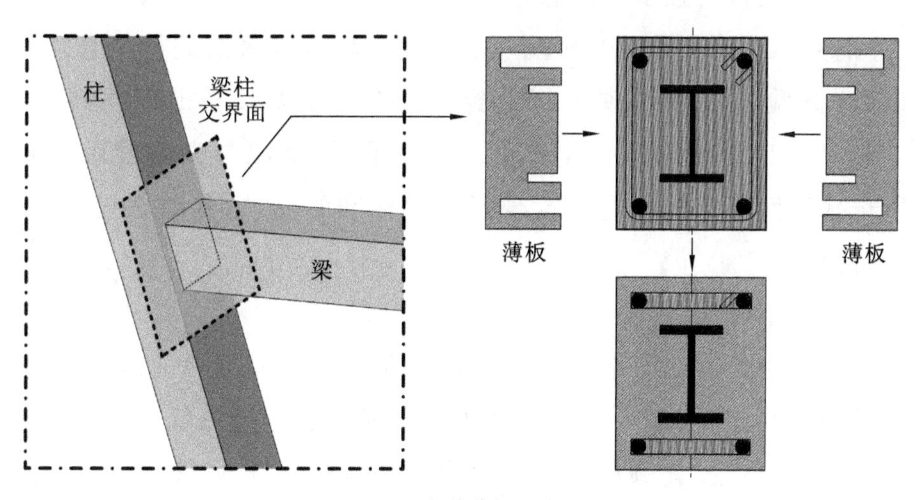

图 2.4 安装薄板示意图

2.3 试验材料选择及参数测定

本次试验对材料的选取遵循两个原则：①满足抗震规范中对抗震等级的基本要求；②为方便与已有研究成果对比分析，宜选取与本课题组之前开展钢骨超高强混凝土试验中相同的材料等级。本次试验中，框架试件的梁、柱分别配置 10# 热轧 Q235 级工字钢和 H 型钢，箍筋采用 HRB400 级钢筋，纵筋采用 HRB335 级钢筋。所用的混凝土分别为 C40 混凝土以及本课题组自研的适用于钢骨混凝土组合结构强度等级为 C100 的超高强混凝土。

该超高强混凝土与钢骨结合，能在自然状态（亦即钢骨表面不设或仅按构造要求设置少量剪切连接件）下显著改善钢骨与混凝土之间的黏结性能，有效发挥钢骨与混凝土两种材料各自的特性而协同工作，从而大幅提升结构整体的受力性能；另外，该超高强混凝土材料密实，抗渗、抗冻、抗腐蚀性能俱佳，即耐久性优良，具有良好的工作性、稳定性和经济性。

2.3.1 超高强混凝土

(1) 配制材料

① 水泥

选取质量稳定、性能良好的大连小野田牌 P·Ⅱ 52.5R 级硅酸盐水泥，实测其 3 d、28 d 的抗折强度，分别为 6.20 MPa、9.20 MPa；实测其 3 d、28 d 抗压强度，分别为 32.9 MPa、59.1 MPa。使用前与高效减水剂进行二者之间的适应性试验，试验方法采用现行行业标准《水泥与减水剂相容性试验方法》(JC/T 1083—2008)中的方法，试验结果显示，该水泥与高效减水剂相容性好。所选水泥性能指标符合国家现行相关标准的要求，其碱含量少、水化热低、需水性也低。

② 粗、细骨料

细骨料采用大连庄河市鑫联公司生产的 40～70 目规格的硅砂（又名石英砂），其粒径为 0.12～0.25 mm。硅砂的主要矿物成分为二氧化硅，质地坚硬、耐磨，化学性能稳定，其颜色通常多呈乳白或无色半透明状，性脆无解理，贝壳状断口，油脂光泽，相对密度为 2.65，其化学、热学和机械性能具有明显的异向性，不溶于酸，微溶于氢氧化钾，熔点 1750 ℃，有较好的耐火性能。

粗骨料采用出自辽宁抚顺地区的花岗岩，经机械破碎后，其质量致密坚硬、强度高、表面粗糙、粒形棱角分明、针片状含量小、级配良好，碎石的品质完全满足《普通混凝土用砂、石质量及检验方法标准》(JGJ 52—2006)的相关要求。粗骨料母体岩石的立方体抗压强度比所配制的混凝土强度低，其最大粒径为 16 mm，含泥量控制在 0.5%以下，针片状颗粒含量不大于 5%，且未混入风化颗粒。

③ 粉煤灰

粉煤灰采用燃煤工艺先进的电厂生产的优质Ⅰ级特细粉煤灰。其品质应不低于国家标准《用于水泥和混凝土中的粉煤灰》(GB/T 1596—2017)等相关标准的规定:烧失量不大于4.0%,SO_3含量不大于3.0%,需水量不大于95%,比表面积大于700 m^2/kg。

④ 硅粉

选用埃肯国际贸易(上海)有限公司生产的硅粉,其主要成分是二氧化硅,其颗粒是极细的玻璃球体,粒径为0.1～1.0 mm,是水泥颗粒粒径的1/100～1/50,其品质不低于国家标准《高强高性能混凝土用矿物外加剂》(GB/T 18736—2017)等相关标准的规定:硅粉中的二氧化硅含量大于85%,含水率小于3.0%,烧失量小于6.0%,7 d的火山灰活性指数大于105%,其表面积大于15.0 m^2/g。

⑤ 高效减水剂

高效减水剂又名超塑化剂,选用大连西卡建筑材料有限公司生产的3301E型聚羧酸系高效减水剂,减水率可达30%～40%,其品质应满足国家标准《混凝土外加剂》(GB 8076—2008)的相关要求,可使水泥及其他胶凝材料达到最佳性能,几乎不缓凝而又可保持混凝土的坍落度;该减水剂的掺量占全部胶凝材料总量的1.5%,且使用前需与所选择的水泥品种进行相容性试验。

⑥ 缓凝剂

缓凝剂选用阿拉丁试剂(上海)有限公司生产的D-葡萄糖酸钠(AR,99.0%),易溶于水(25 ℃,59 g/100 mL),略微溶于乙醇,不溶于乙醚。水溶液刚煮沸时稳定。在混凝土中加入适量的缓凝剂,可延缓水泥凝固,延长凝固时间,一般不影响混凝土质量,同减水剂一起使用可提高减水率。

⑦ 拌和用水

选用普通自来水为拌和用水,其品质应符合《混凝土用水标准》(JGJ 63—2006)等相关标准的规定,且碱含量少。

本试验配制超高强混凝土各种材料的样品如图2.5所示。

(2) 配合比

本书中用于钢骨混凝土结构中的强度等级为C100的超高强高性能混凝土提供的配合比见表2.1。

图 2.5 制作 C100 混凝土各种材料的样品

(a) P·Ⅱ52.5R 水泥;(b) Ⅰ级粉煤灰;(c) 花岗岩碎石的粗骨料;(d) 石英砂细骨料;
(e) 硅粉;(f) 高效减水剂;(g) D-葡萄糖酸钠;(h) 拌和用水

表 2.1 C100 混凝土各组分含量

单位体积质量/(kg/m³)							
水泥	粗骨料	细骨料	粉煤灰	硅粉	高效减水剂	D-葡萄糖酸钠	水
420	1155	495	120	60.0	9.00	0.30	138

(3) 搅拌工艺

该方法采用水泥裹砂法混凝土二次搅拌工艺,具体工艺步骤如下:

在强制式搅拌机中按每立方米混凝土中加入 495 kg 的细骨料和用水总量 1/2 的拌和用水 69 kg,均匀搅拌 1～2 min 后,加入 462 kg 粒径为 5～10 mm 单粒级花岗岩碎石的粗骨料,均匀搅拌 1～2 min 后加入 693 kg 粒径为 10～20 mm 单粒级花岗岩碎石的粗骨料,均匀搅拌 2 min 后,再加入全部胶结材料(即 420 kg 的水泥、120 kg 的粉煤灰和 60 kg 的硅粉),均匀搅拌 2～3 min 后,将 9.0 kg 的聚羧酸系高效减水剂和剩余的 69 kg 拌和用水缓慢倒入,均匀搅拌 2～3 min,出料,即得到所制备超高强混凝土拌合物。

这种工艺可以减少水泥颗粒及超细活性矿物颗粒在混凝土搅拌时到处飞扬,还可提高所制备混凝土的强度,所制备的混凝土具有不离析、泌水少、工作性能良好等优点。

(4)力学性能试验结果对比

按照上述配合比所配制的适用于钢骨混凝土组合结构的强度等级为C100的超高强高性能混凝土与普通混凝土(强度等级为C30～C50的混凝土)、一般高强混凝土(强度等级为C60～C90的混凝土)的力学性能对比试验结果见表2.2。其中,本试验配制的C100超高强混凝土的坍落度达到240 mm(图2.6),而高层建筑中要求混凝土的坍落度一般在160～200 mm即可,完全满足高层建筑施工时的泵送要求。

表2.2　混凝土力学性能试验结果对比

混凝土强度		坍落度/mm	立方体抗压强度/MPa	劈拉强度/MPa	与钢骨黏结强度/MPa	28 d龄期氯离子扩散系数 D_{RCM}($\times 10^{-12}$ m^2/s)
普通混凝土	C30	100	34.37	2.75	1.09	6.90
	C40	120	41.75	3.03	1.52	6.80
	C50	180	51.24	3.46	1.89	6.80
一般高强混凝土	C60	180	60.45	3.63	1.97	6.50
	C70	180	71.32	3.68	2.01	6.10
	C80	180	82.51	4.09	2.07	5.80
	C90	180	93.62	4.65	2.13	5.40
超高强混凝土	C100	240	105.24	6.73	4.02	3.90

图2.6　C100混凝土坍落度的检测

由表2.2可以看出,本试验制备的用于钢骨混凝土组合结构强度等级为C100的超高强混凝土具有良好的耐久性、工作性、体积稳定性以及经济性,可显著改善钢骨与混凝土之间的黏结性能，保证二者协同工作，且无须额外在钢骨表面设置剪切连接部件，可有效避免因在钢骨表面大量设置此种部件而造成混凝土内部先天性微裂缝的缺陷。这种做法既节约了钢材，又简化了施工程序，经济效益、施工效率以及施工质量得到了显著提高。

2.3.2 混凝土抗压强度试验

三榀框架模型试件所使用的混凝土是非商品混凝土，而是由研究人员亲自搅拌而成。在浇筑框架试件时，预留了一定数量的混凝土立方体(150 mm×150 mm×150 mm)试块和长方体(150 mm×150 mm×300 mm)试块，且将其与框架试件在同等条件下养护，外覆塑料薄膜，以保证养护时水分充足。

在即将开展框架拟静力试验前，对经过较长时间养护的混凝土试块进行抗压试验(图 2.7)，以确定试验所需混凝土立方体抗压强度 f_{cu} 和轴心抗压强度 f_c。每种强度等级的混凝土分别取 3 个试块，所测数据列于表 2.3。从表 2.3 可得，各组测试结果均较为接近，满足国家标准《混凝土结构试验方法标准》(GB/T 50152—2012)的要求。各强度等级混凝土试块的破坏形态如图 2.8 所示。

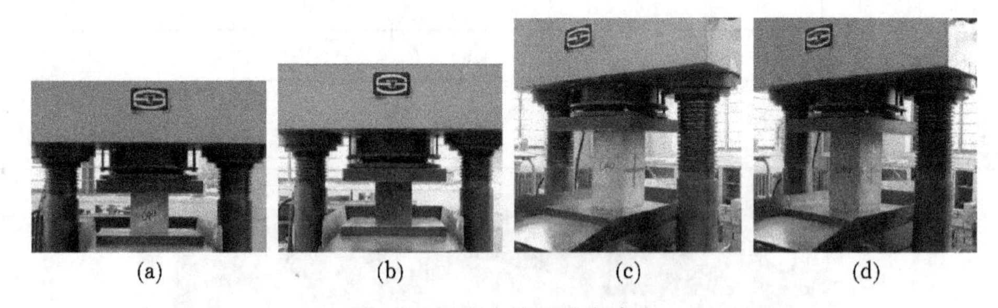

(a) (b) (c) (d)

图 2.7 混凝土抗压强度试验

(a) C40 立方体；(b) C100 立方体；(c) C40 棱柱体；(d) C100 棱柱体

(a) (b) (c) (d)

图 2.8 各种强度等级混凝土抗压强度试验后破坏的锥体

(a) C40 立方体；(b) C100 立方体；(c) C40 棱柱体；(d) C100 棱柱体

表 2.3　混凝土材料力学性能

强度等级	选取的试块及均值	立方体抗压强度 f_{cu}/MPa	棱柱体抗压强度 f_c/MPa	弹性模量 E_c/GPa	泊松比 ν
C100	试块 1	116.57	104.39	43.27	0.241
	试块 2	115.36	108.45	44.25	0.248
	试块 3	108.72	103.72	45.32	0.246
	均值	113.55	105.52	44.28	0.245
C40	试块 4	46.26	41.57	34.01	0.222
	试块 5	48.76	40.82	32.96	0.220
	试块 6	46.88	42.26	32.48	0.206
	均值	47.30	41.55	33.15	0.216

2.3.3　钢材拉伸试验

为测量钢材的力学性能，本试验在制作框架试件时，预留了一定数量的纵筋、箍筋及型钢。本试验采用 WDW-200E 微机控制电子万能试验机[图 2.9(a)]对试验中各类型的钢材进行拉伸试验，以测定其力学参数，且为保证测量数据的准确性和代表性，须对每种钢材取不少于三个样品。

对于各型号的钢筋，其拉伸试验及样品如图 2.9(b)至(e)所示，所得钢筋的应力-应变曲线如图 2.10(a)至(c)所示；作为框架试件中钢骨的型钢，依据国家标准的有关规定，需在其翼缘与腹板上分别取样。图 2.9(f)所示即为本试验中所用型钢的试件样品。另外，为准确测量钢骨各项力学指标，需在其样品中部的横向、纵向分别贴应变片，如图 2.9(f)虚线圈所示。所得型钢钢骨的应力-应变曲线如图 2.10(d)、(e)所示。

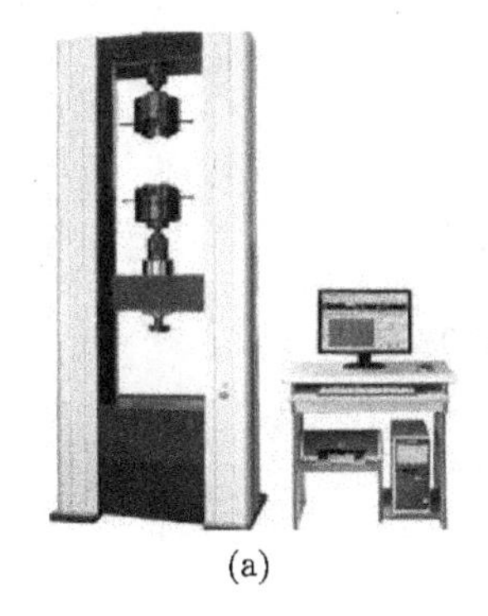
(a)

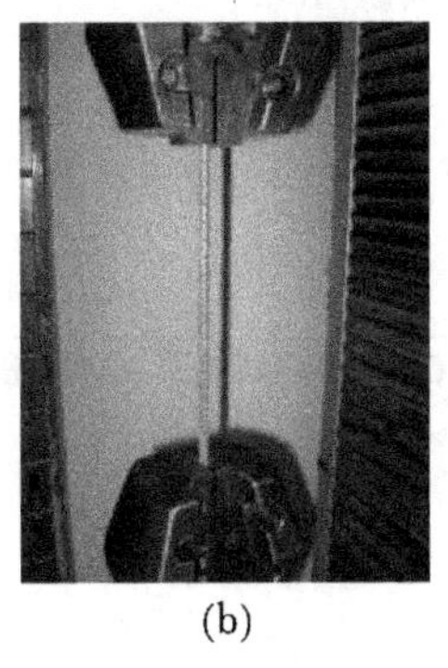
(b)

(c)

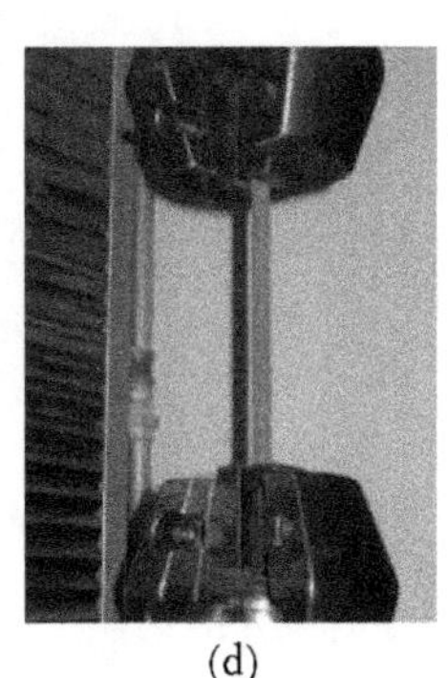
(d)

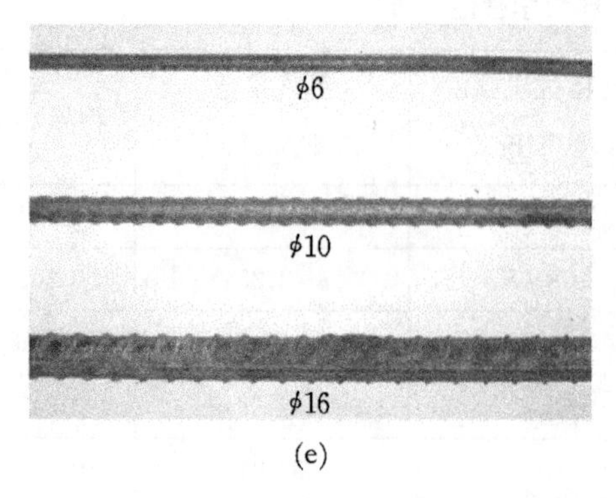

(e)

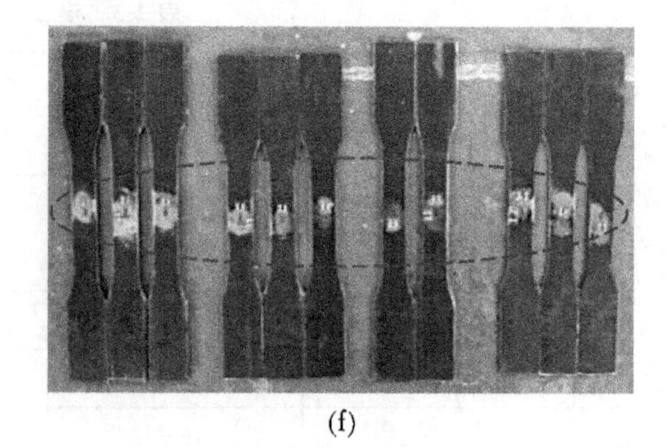
(f)

图 2.9　检测试件中钢材的力学性能

(a) 万能试验机；(b) ϕ6 钢筋拉伸试验；(c) ϕ10 钢筋拉伸试验；

(d) ϕ16 钢筋拉伸试验；(e) 测试的钢筋样品；(f)测试的钢骨样品

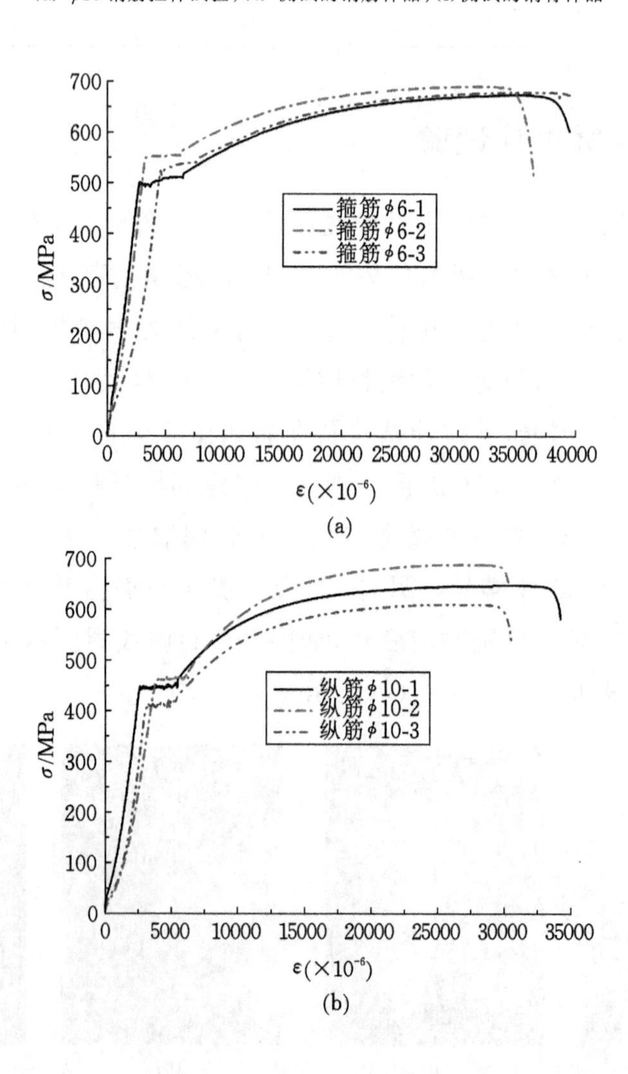

(a)

(b)

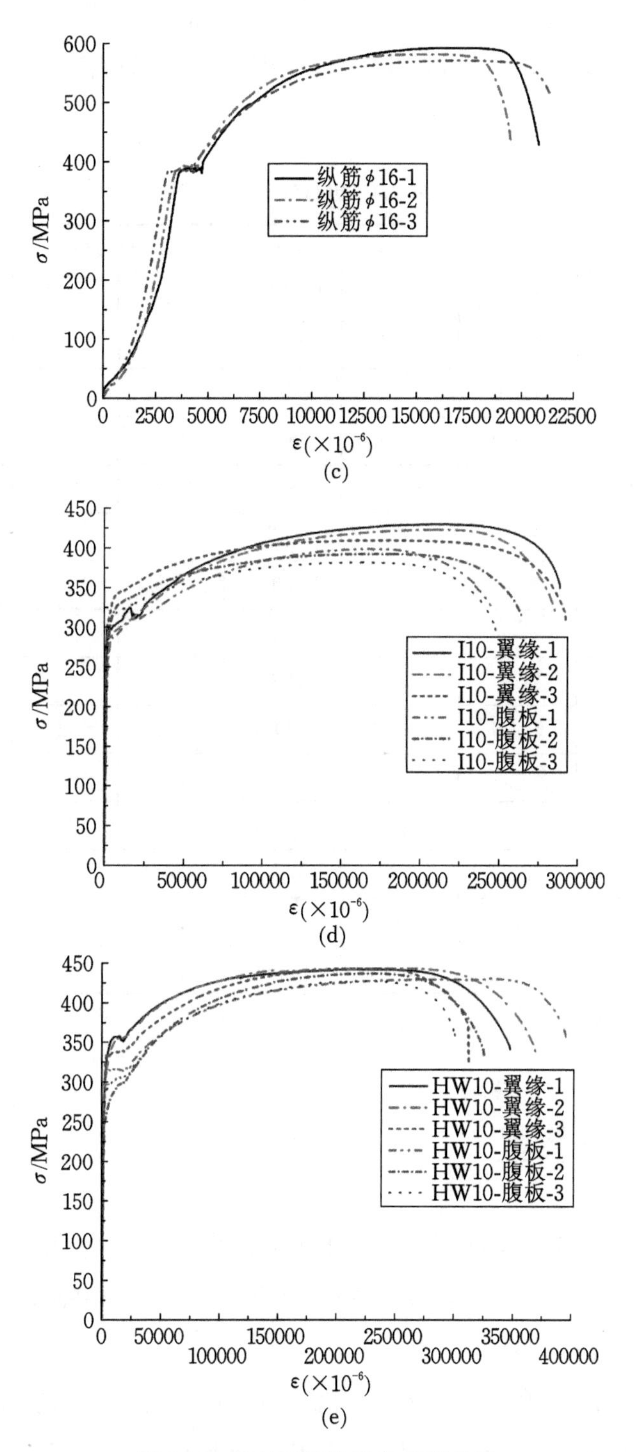

图 2.10 钢材实测的应力-应变关系

(a) ϕ 6 钢筋应力-应变图;(b) ϕ 10 钢筋应力-应变图;

(c) ϕ 16 钢筋应力-应变图;(d) I10 型钢应力-应变图;

(e) HW10 型钢应力-应变图

测试表明，对于每一种型号的钢材，所取样品的试验结果均较接近，故取各组试验结果的均值，从而得到各型号钢筋及型钢钢骨的力学性能指标（表 2.4）。

表 2.4　钢材实测指标

力学性能指标	ϕ 6 (HRB400)	ϕ 10 (HRB400)	ϕ 16 (HRB335)	I10 (Q235)		HW10 (Q235)	
				翼缘	腹板	翼缘	腹板
屈服强度 f_y /MPa	500.1	446.7	383.6	317.2	297.6	336.2	316.5
	544.0	454.4	380.6	313.4	299.8	338.7	324.8
	523.9	409.9	384.9	328.5	318.2	332.5	326.2
平均屈服强度 $\overline{f}_y$/MPa	522.7	437.0	383.0	319.7	305.2	335.8	322.5
屈服应变 ε_y ($\times 10^{-6}$)	2817	2115	1824	1530	1520	1607	1521
	2631	2497	1895	1590	1480	1619	1561
	2759	2316	1946	1501	1510	1589	1567
平均屈服应变 $\overline{\varepsilon}_y$($\times 10^{-6}$)	2736	2309	1888	1540	1503	1605	1550
极限强度 f_u /MPa	672.9	577.2	590.3	433.8	402.5	446.5	434.6
	689.4	664.0	579.7	427.0	396.4	447.8	441.3
	678.3	609.1	568.8	413.6	385.6	448.3	431.6
平均极限强度 $\overline{f}_u$/MPa	680.2	616.8	579.6	424.8	394.8	447.5	435.8
弹性模量 E_s/($\times 10^5$ MPa)	1.920	1.900	2.028	2.059	2.034	2.092	2.081
泊松比 ν	0.312	0.308	0.296	0.273	0.280	0.282	0.275

注：钢材的质量密度、剪切模量和线膨胀系数分别按 $\rho=7850$ kg/m^3，$G=79\times10^3$ MPa，$\alpha=12\times10^{-6}$/℃取值。

2.4　试验加载装置

采用 FCS 多通道协调控制系统对框架试件进行拟静力加载试验，该系统由电液伺服作动器、控制面板、油压控制系统以及信号控制系统四部分组成。

（1）电液伺服作动器

本试验采用北京佛力系统公司生产的 100 t 级电液伺服作动器，该作动器行程为±300 mm，额定压力为 21 MPa，额定输出力为 1000 kN，作动器缸径为 320 mm、杆径为 200 mm，长度（全缩回）为 3060 mm，如图 2.11 所示。

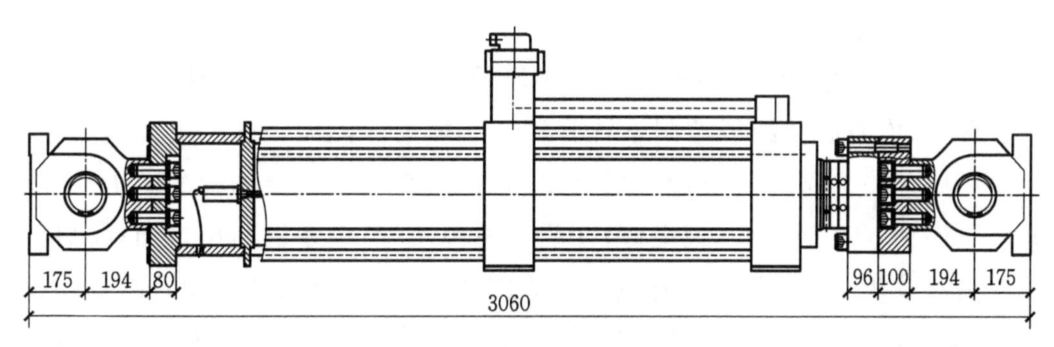

图 2.11　电液伺服作动器

(2) 控制面板

正式加载前,通过操作界面,对 FCS 系统的通道参数,零位和增益、激励参数,阀驱动器参数以及 FPID 参数等进行调整,以最佳状态进行低周反复加载试验。该系统的操作界面如图 2.12 所示。参数调节后,通过导入事先编制好的加载谱,即可进行试验。其间,通过控制面板的操作屏幕,可实时观测作动器的位移时程曲线以及对应时刻的位移及荷载的最大、最小值。另外,如遇特殊情况,可随时通过操作界面停止试验或调整加载谱的运行。

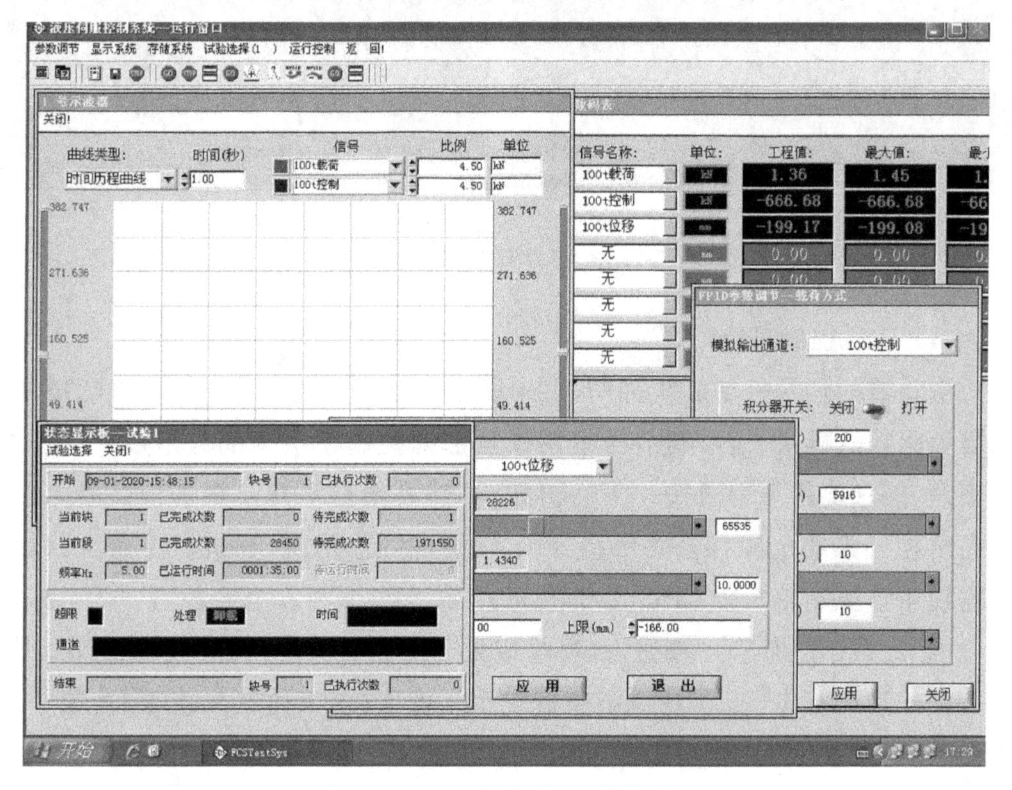

图 2.12　电液伺服控制系统操作界面

(3) 油压控制系统

作动器的油压控制系统如图 2.13 所示。在试验之前的试件安装以及试验过程中,均需通过油压控制系统来调节所需要的油压。试验中开启、闭合油源高压至关重要,稍有不慎,则会损坏试件,造成不必要的损失。因此,其开启顺序为:①打开控制柜电源;②启动油源;③启动系统高压按钮;④启动油源高压按钮。关闭油源顺序为:① 关闭油源高压按钮;②关闭系统高压按钮;③关闭油源;④关闭控制柜电源。注意:在试件安装时,无须开启高压按钮,若未打开高压按钮,则省略关闭顺序的前两步。

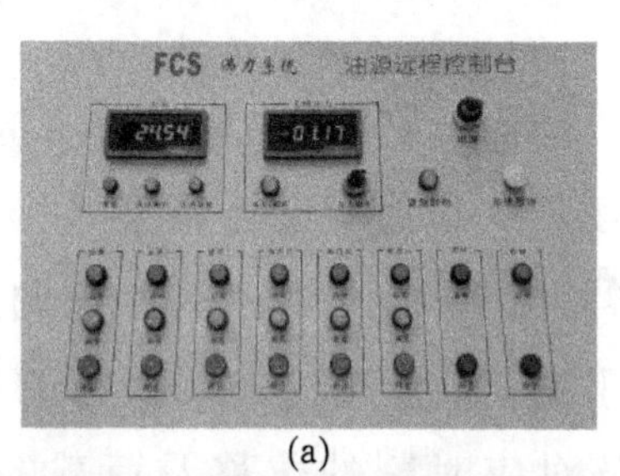

(a)

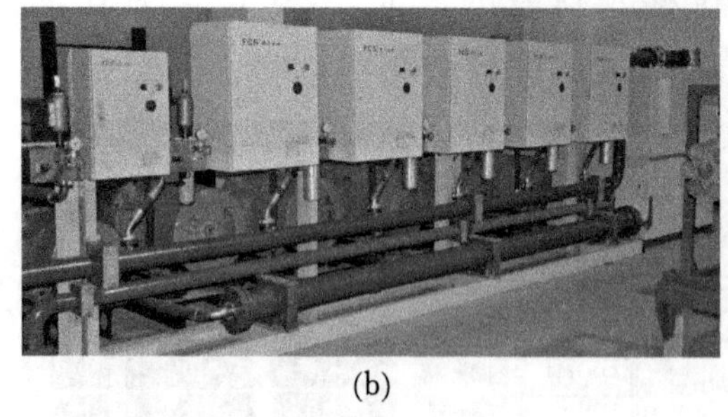

(b)

(c)

图 2.13　作动器油压控制系统

(4) 信号控制系统

作动器的信号控制系统如图 2.14 所示。该系统的控制柜由 CPU 模块、伺服阀驱动器模块、信号调节器模块以及油源控制模块等部分组成。打开控制柜时,钥匙要往下稍微按一下后再扭,不然可能打不开。在进行试验之前,首先将控制系统电源打开并等待 30 s 以上,然后再开计算机。注意:①目前只需使用该控制柜 3 个 CPU 工作区的上面 2 个,下面 1 个为备用。②工作区对应的"加载(Ⅰ 或 Ⅱ)"按钮,试验时应处于高亮状态,而"卸荷(Ⅰ 或 Ⅱ)"按钮则处于熄灭状态。③7 块主板组成 1 个工作区,该工作区从左至右:第 1 块为 CPU,第 2 块、第 3 块为荷载 1、2、3、4,第 4 至 7 块为位移 1、2、3、4。其余工作区,以此类推。

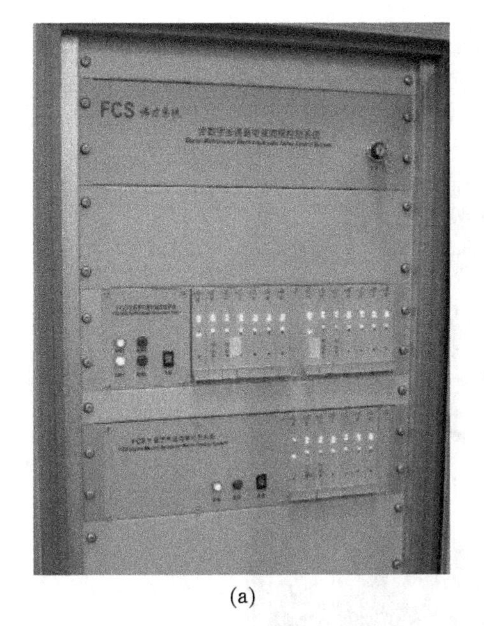

(a)

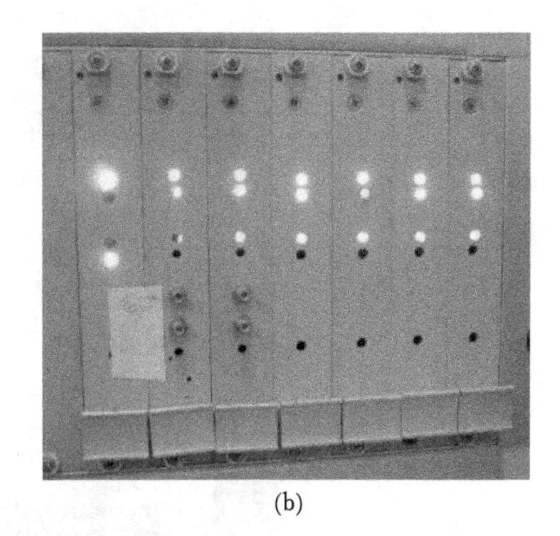
(b)

图 2.14 作动器信号控制系统

(a) 控制柜;(b) 工作区

2.5 试验过程及加载方案

试验前,依据框架模型和各加载设备的几何尺寸,准确算出反力钢架及水平电液作动器的高度,将其调整到位。安装试件前,调整到位的加载设备如图 2.15 所示。

需要说明的是:SRUHSC 组合结构因其卓越的承载能力,通常应用于高层、超高层建筑的底层部位,这样可有效避免由于底层柱过于粗壮而占用过多的使用空间。通过计算,高层、超高层建筑水平地震作用呈倒三角形分布,建筑结构底部一、二层所受的水平荷载要比第三层所受的荷载小得多(高层建筑中第三层及以上各层荷载的累积,即 $\boldsymbol{F}'_3=\boldsymbol{F}_3+\boldsymbol{F}_4+\cdots+\boldsymbol{F}_i+\cdots+\boldsymbol{F}_n$,$\boldsymbol{F}'_3\gg\boldsymbol{F}_1+\boldsymbol{F}_2$),如图 2.16 所示。因此,试验中的水平荷载采用在框架试件顶层施加一个集中荷载的方式,这样便可模拟高层、超高层建筑在倒三角形分布的地震水平作用下底部一、二、三层结构的受力状况。同时,为避免梁上施加竖向荷载带来的内力重分布及加载装置的复杂性,故在试验中框架梁上未施加竖向荷载。另外,即便梁上施加竖向荷载,其值也比框架柱自身所承受竖向荷载小得多,完全可以忽略不计。

图 2.15　试验加载设备

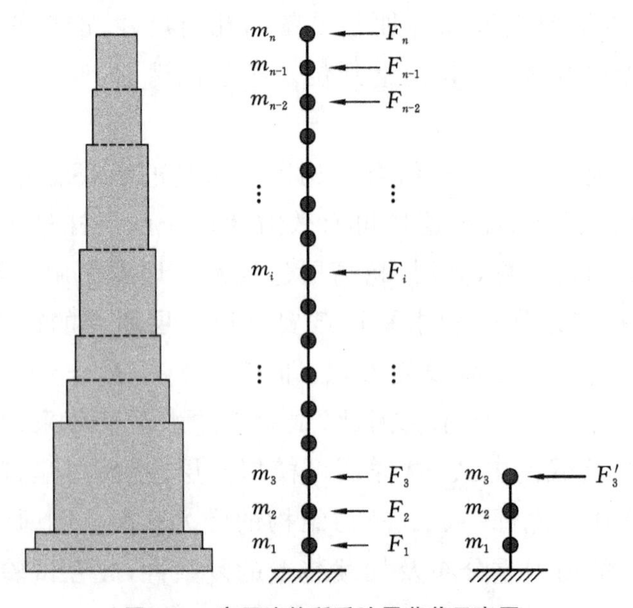

图 2.16　高层建筑所受地震荷载示意图

为了使框架试件在竖向荷载及水平荷载同时作用下，能发生自由的水平移动，而在框架柱顶施加轴向荷载的液压千斤顶与其上部反力钢架之间设置能滚动的辊轴装置，如图2.17所示。

图 2.17　框架试件安装详图

调整完毕后，进行加载谱的编制及试件安装。首先，对试验所需的伺服液压作动器进行系统标定（通过设定信调器的零位和增益）；其次，对 FCS 系统中的通道、激励、阀驱动器、零位、增益以及 FPID 位移等各个参数进行调节；最后，依据试验类型，编制相应的试验加载谱。待上述工作就绪后，未安装试件前，试运行加载谱，以检测编制的程序是否合理、能否满足试验要求。

整个试验具体操作流程如下：①开启控制箱，接通电源；②打开计算机，运行 Test Board 软件；③检查信息通道（各通道依次进行，随便输入几组数据，发送无误即可）；④开启油源（开启一个油源即可，因运行加载谱需一定的油压，但还未进行正式加载，故而无须开启高油压）；⑤试件安装（试运行加载谱，调整液压作动器加载头至合适位置，并检测 FPID 参数是否合理）；⑥加载试验谱，设置物理通道，打开油源，进入运行界面；⑦显示系统运行各窗口（示波器、数码表及状态板），打开 FPID 位移参数调节；⑧设置数据存储控制参数（位移、力以及采集数据点的间隔时间）；⑨正式加载，开始试验；⑩试验结束，卸载，退出加载界面，关闭油源；⑪关闭系统软件；⑫关闭系统控制箱，切断电源。

待加载谱运行成功后，开始进行试件的安装。先将框架试件用结构工程实验室的吊车运至指定位置(为准确吊装分配钢梁至框架顶部，预先按柱顶尺寸在其下侧焊制了方形柱帽)，然后将分配钢梁吊至框架顶部，使其下侧柱帽准确罩住框架试件的三个柱头(图 2.17)，调节滚动支座，降下轴向液压千斤顶的油缸，使压力传感器的底面准确贴靠在分配钢梁上固定铰支座的顶面中心。接着，调节水平电液伺服作动器的行程，使其头部中心准确贴靠在框架顶层梁端的测点处，吊装直径为 50 mm 的传力丝杠，将其与水平作动器加载端用高强螺栓紧紧相连(图 2.18)，以便利用作动器对框架试件施加循环往复荷载。

图 2.18　作动器加载端连接装置

通常低周反复加载试验采用控制作用力和控制位移的混合加载法，即先采用荷载控制再转化为位移控制。在控制作用力加载时，并不考虑实际位移是多少，由初始设定的控制力值开始加载，逐级增加控制力，经过结构开裂阶段后，直至加到试件屈服，然后再用位移控制加载。按位移控制加载时应确定一个标准位移，此标准位移通常取为结构或构件的屈服位移。按屈服位移的倍数控制加载，直到结构破坏。这种加载法最大的难点就是屈服位移的选择，故而存在两个显著弊端：①当试件的结构较为复杂、无明显屈服点时，在试验过程中往往需要研究人员临时确定屈服位移，随意性较强，存在较大的误差；②因试件结构构造的复杂性和试验材料性能的离散性，单纯地通过理论或有限元模拟，难以准确得到试件的屈服位移。同时，又因为该加载法前期为荷载控制，此阶段结束的标准即为计算出的屈服位移，一旦计算与实际情况不符,很容易出现失控现象而破坏试件,导致试验失败。

基于上述缘由,本试验采用变幅等幅混合控制位移加载法。该方法综合运用了变幅、等幅两种加载制度,既可兼顾等幅加载法对试件强度、刚度变化的研究,又可兼顾变幅加载法在大变形增长阶段试件强度和耗能能力变化的研究。需要说明的是:此处位移为广义上的位移,既可以是线位移,也可以是转角、曲率或应变等参量。结合本试验所研究结构的自身特点,试验按位移转角($\theta=\Delta/H$)控制加载,即前三级加载的控制位移按位移转角 θ 分别为 0.2%、0.3%和 0.4%施行,每级循环 1 次;此后每级加载按位移角分别为 0.6%、1.0%、1.4%……施行,每级循环 3 次,加载控制方案如图 2.19 所示。

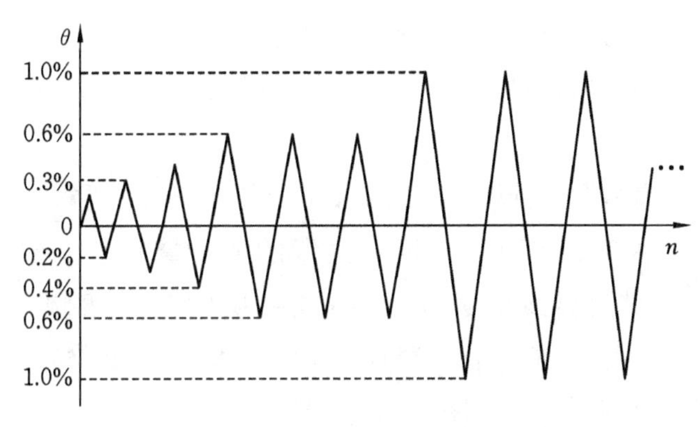

图 2.19 框架水平位移加载控制方案

2.6 试验测量方案

2.6.1 测量内容

本次试验重点研究 SRUHSC 框架在低周反复荷载作用下的抗震性能,因而试验的主要监测内容包括:①SRUHSC 框架整体破坏形态及梁端、柱端、节点的裂缝开展;②框架各层梁端侧向位移;③框架顶部水平往复荷载;④底层框架柱端弯曲、剪切变形;⑤框架部分边节点、中节点核心区的剪切变形及箍筋应变;⑥框架柱端、梁端相应位置中箍筋、纵筋及型钢的应变;⑦框架部分梁端、柱端混凝土的应变等。

2.6.2 测点布置

(1) 应变片

① 柱

框架试件中，在离一、二层的柱底 120 mm 处，柱截面东西侧相对的两根纵筋上布置应变片，用以测量柱中纵筋的应变；在相应位置型钢翼缘两外侧布置两枚应变片，用以测量柱端型钢翼缘的纵向应变；同时，在对应的型钢腹板处布置一枚应变片，用以测量柱端型钢腹板处横向、竖向以及斜 45°三个方向的应变；在靠近各层柱底端处的两组箍筋上布置应变片，用以测量箍筋的横向应变；在一层中节点以及东侧边节点核心区中间的箍筋上布置应变片，用以测量核心区箍筋的应变。柱中钢筋及钢骨上应变片的布置，详见图 2.20。

② 梁

框架试件中，离各层梁端 100 mm 处，上下相对的两根纵筋上布置应变片，用以测量梁中纵筋的应变；在相应位置的型钢翼缘两外侧布置两枚应变片，用以测量梁端型钢翼缘的纵向应变；在一层中节点两侧和东侧边节点一侧，离梁端 100 mm 处的箍筋上布置应变片，用以测量梁中箍筋的应变。梁中钢筋及钢骨上应变片的布置如图 2.20 所示。同时，应变片正式测量前，须对其进行清零"去皮"操作。

(2) 位移计

框架试件中，在各层梁端中心的两外侧布置 5 个电子位移计，分别为 1# 至 5#（量程为±200 mm），用以测量加载时各层的侧向位移；为防加载时模型试件在东西向有微小移动，在墩部基础梁的侧向布置 6# 电子位移计（量程为±50 mm），用以消除 1# 至 5# 的偏差；在底层三个柱底部，分别斜 45°交叉布置一组电子位移计（量程为±25 mm），用以测量底层柱脚的剪切变形；在一层中节点以及西侧边节点核心区，沿对角线方向上安装一组交叉的电子位移计（量程为±25 mm），用以测量节点核心区的剪切变形；试验中，因加载位移递增，框架节点核心区产生的变形不断加大，该区域的混凝土开裂严重，直至剥落，导致布置在节点核心区对角线上的位移计过早脱落而影响其数据测量。因此，为防止数据无法采集，特在节点核心区左右梁端的上下侧布置位移计（量程为±25 mm，对于边节点，只需在一个梁端上下侧布置即可），用以测量梁相对于节点核心区的变形。以上各个电子位移计具体布置如图 2.21 所示。注意，正式加载测量前，须对各个电子位移计进行标定操作。

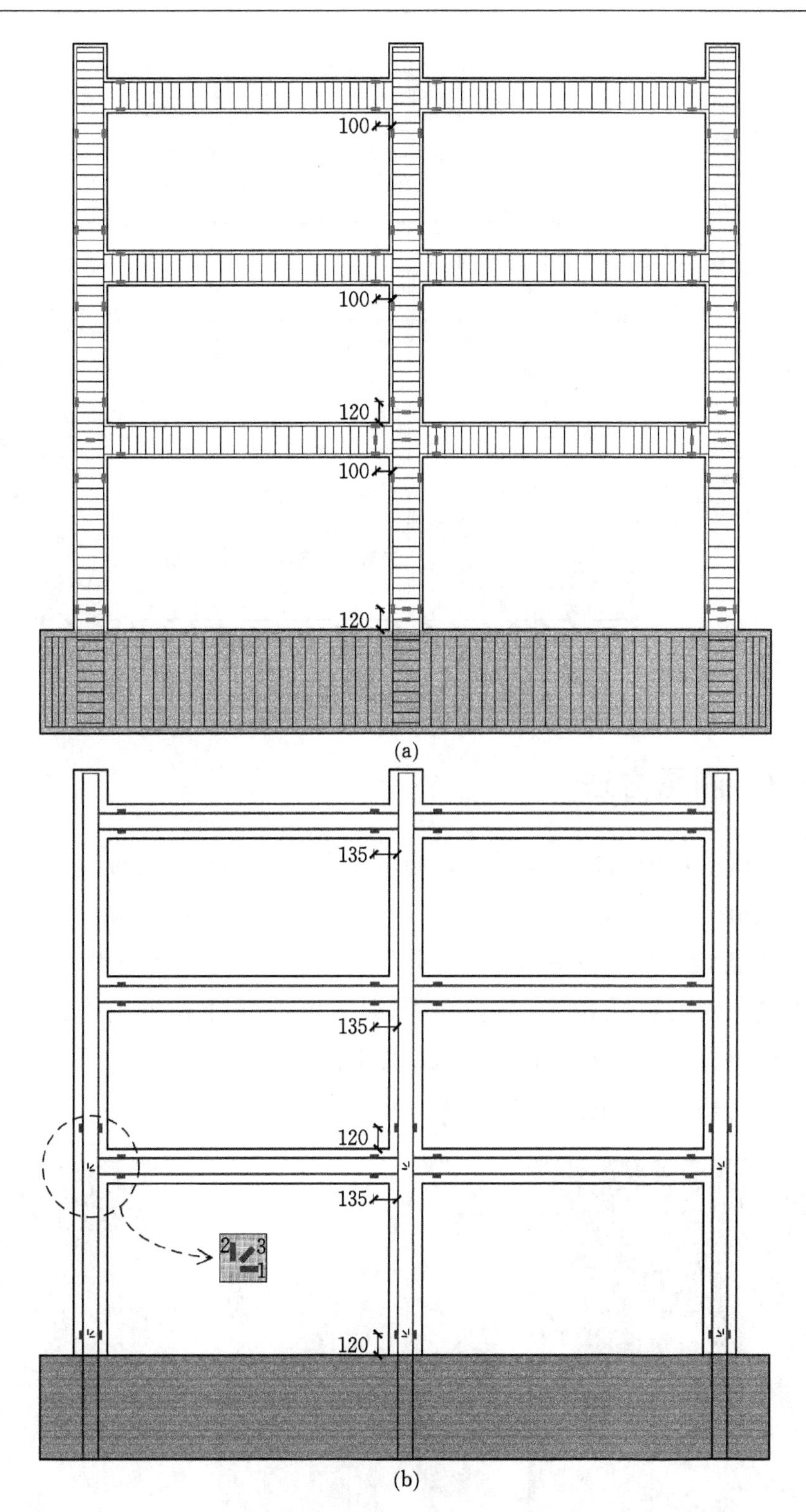

图 2.20　应变片布置示意图

(a) 钢筋上布置的应变片；(b) 钢骨上布置的应变片

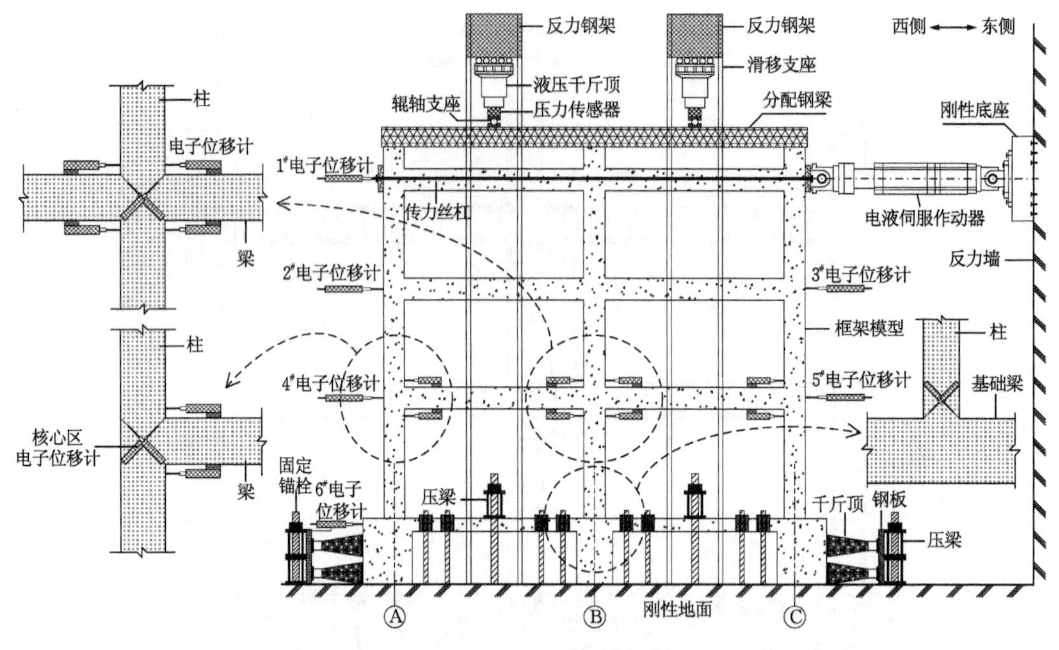

图 2.21　电子位移计布置示意图

2.6.3　测量方法

由于本试验中模型较大，所需采集的数据较多，故试验过程中，需将两台德国 IMC(Integrated Measurement & Control)集成测控公司生产的 64 通道 IMC 数据采集设备(CRONOS-PL8)串联使用，将其与设备电源、通信电缆(红色网线或黑色对接线)、传感器、plug 接头等仪器与计算机正确连接，可实时采集荷载传感器、电子位移计(LVDT)及电阻应变片的读数。两台串联的 64 通道 IMC 数据采集系统如图 2.22 所示。

图 2.22　IMC 数据采集系统

本章小结

目前国内外对SRUHSC结构的研究主要集中于构件层面,如柱、节点等,鲜有涉及体系范畴。基于此,本书开展对SRUHSC框架结构体系在低周反复荷载作用下的拟静力试验,系统研究这种新型结构体系的抗震性能。

本章详细介绍了此次试验的设计方案,包括框架模型的几何尺寸、各构件截面的配筋形式、框架试件的制作流程、所需试验材料的选取以及各试验材料性能参数的测定;系统介绍了试验过程和加载方案,其中包括试验加载谱的选取与编制、试运行FCS系统、安装框架试件、确定加载控制方案等;较为全面地介绍了加载装置的工作原理;全面介绍了试验的测量方案,包括本试验的测量内容、所需的测量仪器、内部应变片和外部位移计的布置等。本章为后续章节对钢骨超高强混凝土框架结构在低周反复荷载作用下拟静力试验的开展及受力性能的分析奠定了基础。

3 两跨三层钢骨超高强混凝土框架抗震性能试验研究

3.1 引言

随着高层、超高层建筑及大跨度桥梁等的大量涌现，超高强混凝土材料和型钢的组合，即钢骨超高强混凝土（Steel Reinforced Ultra-High Strength Concrete，SRUHSC）组合结构愈发广泛地应用于实际工程中[26,30,89,101-103]。研究表明[98,104-108]，这种结构能充分发挥超高强混凝土优越的抗压性能和型钢良好的滞回性能，减缓结构在地震作用下强度、刚度的退化，提高其残余强度，即抗震性能优良。因此，在地震区域的高层、超高层建筑及大跨度桥梁中具有广阔的应用前景。

但目前国内外对此种结构的研究主要集中于构件层面，如柱、节点等，鲜有涉及体系范畴。文献[31,104,109]研究表明，通过合理地配置箍筋和型钢，SRUHSC 柱具有良好的截面曲率延性和轴心受压延性。由于中长柱在工程结构中较为常见，且在框架结构抗震体系中处于核心地位，所以，本书拟通过合理配置型钢、高强箍筋、纵筋，设计了一榀两跨三层 SRUHSC 框架，在高试验轴压比状态下，对其进行低周反复加载试验，分析 SRUHSC 框架的受力性能，研究其破坏模式、滞回、变形、强度、刚度退化及能量耗散等抗震性能，以期验证钢骨超高强混凝土框架结构在高轴压力水平时仍具有良好的抗震性能，具有足够的耗能和变形能力。

3.2 试验概况

3.2.1 试件设计

本试验依据大连理工大学海岸和近海工程国家重点实验室结构工程分室的相关设备，依据相似律原则[93]以缩尺比 1∶4制作了一榀两跨三层型钢超高强混凝土框架，其梁、柱分别采用普通强度 C40 和超高强度 C100 混凝土。

试件中，框架柱的长细比 l_0/b：一层为 6，二、三层为 5；框架梁的跨高比 l_n/h 为 8.38。框架梁柱线刚度比 β：底层边柱为 0.367、中柱为 0.734；一般层边柱为 0.306、中柱为 0.612。一至三层柱的剪跨比 λ 为：3、2.5、2.5。该试件为第 2 章中的框架模型 A，其几何尺寸、梁柱中钢筋及钢骨的具体配置如图 3.1 所示。原型结构抗震设防烈度为 8 度（0.2g），Ⅱ类场地，设计地震分组为第一组。根据《钢骨混凝土结构技术规程》（YB 9082—2006）[29]可知，抗震等级为二级、剪跨比大于 2 的柱，其设计轴压比限值为 0.75。由于设计轴压比约等于试验轴压比的 2 倍[18]，且边柱的轴向压力取为中柱的一半，故试件中柱的试验轴压比 $n=N/(A_g f_{cm})=0.38$（其中，N 为轴向力设计值，A_g 为框架柱截面面积，f_{cm} 为混凝土棱柱体抗压强度均值），按混凝土材料的实测强度计算，即轴向力为 1600 kN，边柱轴压力是中柱的一半，即轴向力取 800 kN。

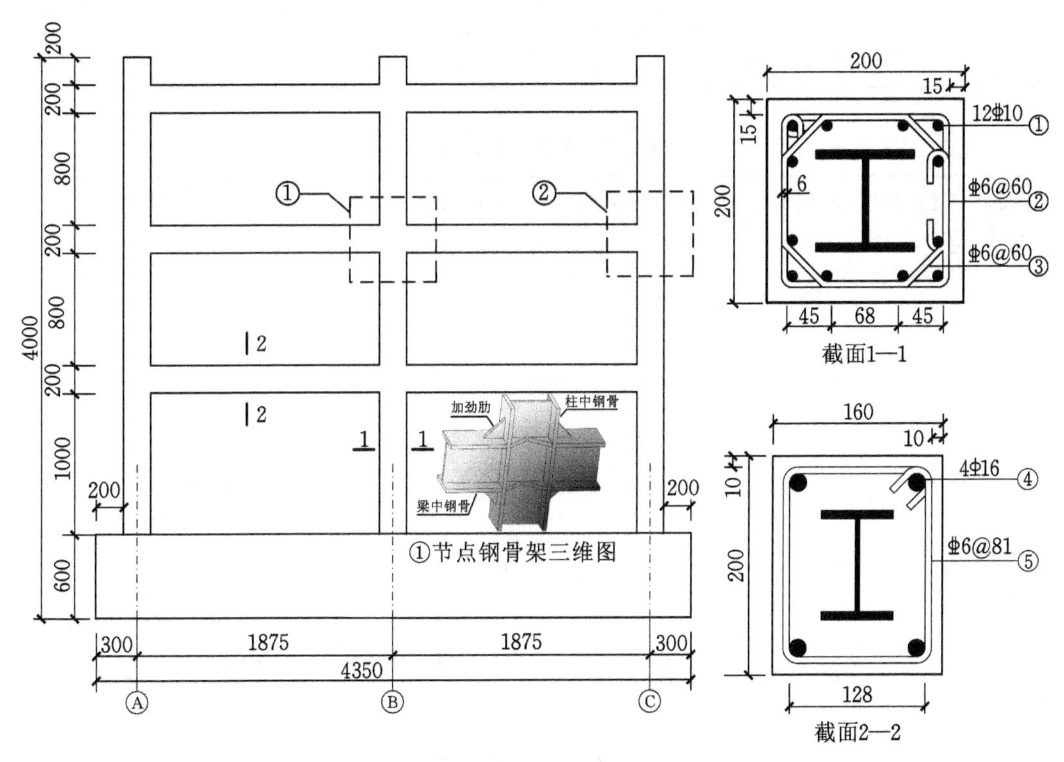

图 3.1　试件几何尺寸及构造（单位：mm）

3.2.2　材料性能

试件中梁、柱分别采用强度 C40 和 C100 的混凝土。其中 C100 超高强混凝土由大连华日牌 P·Ⅱ 52.5R 普通硅酸盐水泥、辽宁抚顺地区粒径为 5.0～

16.0 mm 的石灰岩、硅砂、硅粉、Ⅰ级粉煤灰、西卡牌高效减水剂以及 D-葡萄糖酸钠缓凝剂等材料配制而成，单位体积下，各材料的具体含量列于表 3.1 所示。随试件浇筑 150 mm×150 mm×300 mm 棱柱体试块，并与试件在同等条件下养护。由棱柱体试块实测的各标号混凝土力学性能指标见表 3.2。框架梁、柱中分别配置 10# 热轧 Q235 级工字钢和 H 型钢，柱中纵筋、箍筋均采用 HRB400 级钢筋，梁中纵筋采用 HRB335 级钢筋，各型号钢筋和型钢的力学性能详见表 3.3。

表 3.1 混凝土各组分含量

强度等级	单位体积质量/(kg/m³)							
	水泥	粉煤灰	硅粉	粗骨料	砂	高效减水剂	D-葡萄糖酸钠	水
C100	420 (52.5R)	120 (Ⅰ级)	60.0	1155	495 (硅砂)	9.00	0.30	138
C40	352 (42.5R)	88 (Ⅱ级)	—	1074	716 (河砂)	5.94	—	198

表 3.2 混凝土材料性能

强度等级	立方体抗压强度均值 f_{cum}/MPa	棱柱体抗压强度均值 f_{cm}/MPa	实测弹性模量 E_{cm}/GPa	实测泊松比 ν_m
C100	113.55	105.52	44.28	0.245
C40	47.30	41.55	33.15	0.216

表 3.3 钢材性能指标

钢筋	直径/mm	截面面积/mm²	屈服强度 f_y/MPa	极限强度 f_u/MPa
ϕ6	6	28.3	500	718
ϕ10	10	78.5	424	620
ϕ16	16	201.1	360	570
钢骨	截面尺寸 $h_s \times b_s \times t_w \times t_f$/mm	截面面积/mm²	屈服强度 f_y/MPa	极限强度 f_u/MPa
I 型钢	100×68×4.5×7.6	1430	254	368
H 型钢	100×100×6×8	2190	265	385

3.2.3 试验方案

依据本书 2.5 节的论述，本试验方案如下：正式加载前，先施加 100 kN 轴向压力，观察各测点采集的数据，判断轴力是否偏心、各测量仪器及数据采集系统工作是否正常。正式加载时，要使框架中柱试验轴压 n 达到 0.38，依据材料实测强度计算可得，液压千斤顶需先施加 1600 kN 轴向压力，并保持恒定。然后电液伺服作动器开始施加水平荷载。水平荷载采用位移变幅等幅混合控制加载，即前三级加载的控制位移按位移角($\theta=\Delta/H$)分别为 0.2%、0.3%和 0.4%施行，每级循环 1 次；此后每级加载按位移角分别为 0.6%、1.0%、1.4%……施行，每级循环 3 次，如图 3.2 所示，直至水平荷载降至峰值荷载的 80%后停止试验[110,111]。

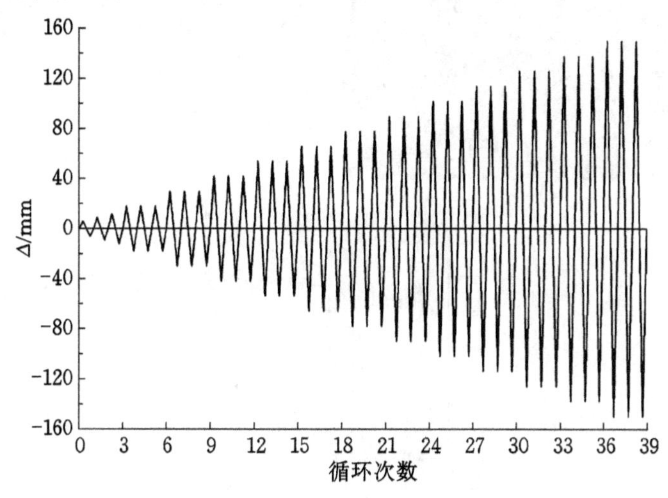

图 3.2 框架 A 水平位移加载控制方案

3.2.4 加载装置

依据本书 2.4 节相关论述，本试验竖向荷载由在梁跨中设置的两个 3000 kN液压千斤顶施加，通过分配钢梁将轴压力传递到框架柱顶，以此保证中柱压力是边柱的 2 倍，水平荷载则由 1000 kN 电液伺服作动器施加，各测量仪器布置及试件加载装置如图 3.3 所示。

3.2.5 测量方案

依据本书 2.6.1 节相关论述，本试验测量内容为：SRUHSC 框架整体破坏形态及梁端、柱端、节点的裂缝开展；框架各层梁端侧向位移；框架顶部水平往复荷载；底层框架柱端弯曲、剪切变形；框架部分边节点、中节点核心区的剪切变形及箍筋应变；框架柱端、梁端相应位置中箍筋、纵筋及钢骨的应变；框架部分梁端、柱端混凝土的应变等。本试验中使用的测量方法及测点布置详见 2.6.2、2.6.3 节相关内容。

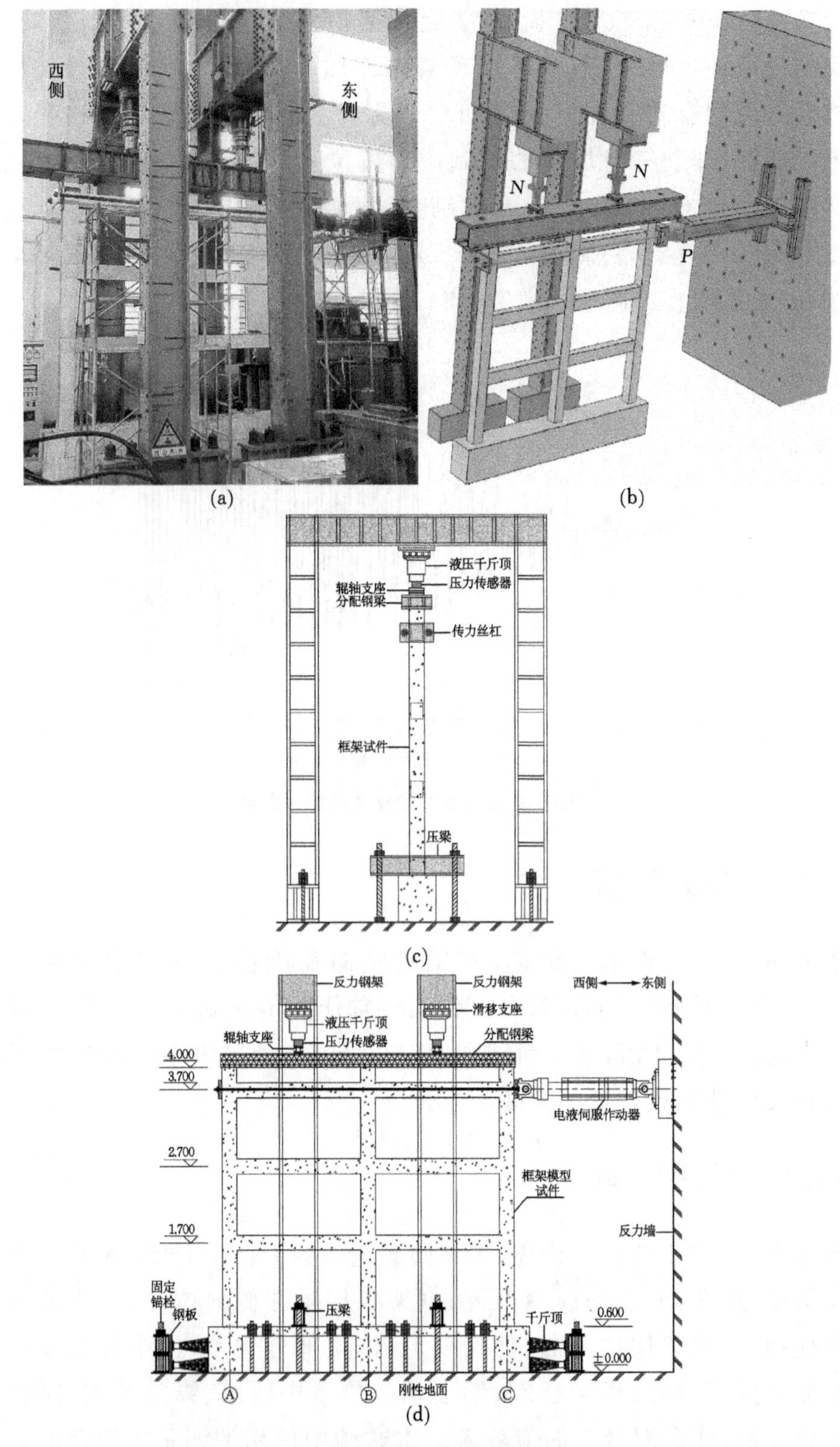

图 3.3 试验模型及加载设备

(a) 加载装置照片；(b) 加载装置三维示意图；(c) 加载装置侧立面图；(d) 加载装置正立面图

3.3　试验破坏现象

3.3.1　框架梁

试验过程中，框架第二、三层中柱两侧的梁端首先出现纵向弯曲微裂缝；随荷载不断增加，原有裂缝继续扩展，新的裂缝不断生成。梁端上、下部的受弯主裂缝逐渐贯通，其自由区的混凝土有压碎现象，此时梁端纵筋屈服，其塑性铰逐渐形成，结构达到承载能力极限状态。此后，随着加载位移增加，结构的水平承载力缓慢下降，梁端上、下部以及梁底与柱端交接部位的混凝土局部压酥、剥落，如图3.4(a)至(c)所示。主裂缝宽度达到2 mm以上，表明梁端塑性铰充分发挥了作用。SRUHSC框架梁的裂缝主要分布在梁端2倍截面高度的范围内，其他部位仅有少量的细微裂纹出现。

3.3.2　框架柱

梁端钢筋屈服后，底层柱脚方现受弯裂缝，待梁端部型钢翼缘受拉屈曲，底层柱脚的裂缝才得到显著发展；随着梁端型钢屈服高度范围的增加，底层柱的柱根部裂缝渐多，柱根两侧受弯主裂缝逐步贯通，形成开口向上的U形分布模式，如图3.4(d)、(f)、(g)所示，这些主裂缝基本出现在距离柱根2倍柱截面高度范围内；当结构达到承载能力极限状态后，试件破坏趋势加大，尤其是底层中柱柱脚部位，仅受箍筋约束的混凝土严重压碎，同时受到箍筋和型钢钢骨约束的混凝土破坏相对较轻。由于试验中框架中柱的轴向压力是边柱的2倍，随着加载位移的递增，中柱的破坏程度远大于边柱。底层中柱柱脚的纵筋、箍筋与型钢钢骨虽未被拉断，但纵筋和型钢均被严重压屈、箍筋张开且外凸严重，如图3.4(e)、(h)所示；而边柱柱脚部位的纵筋与型钢较为完好，并未发生严重变形，如图3.4(i)所示。整个试验中，第二、三层柱的裂缝较轻，无贯通裂缝形成。

3.3.3　节点区

在框架梁、柱出现裂缝时，SRUHSC框架节点核心区几乎没有裂缝出现；

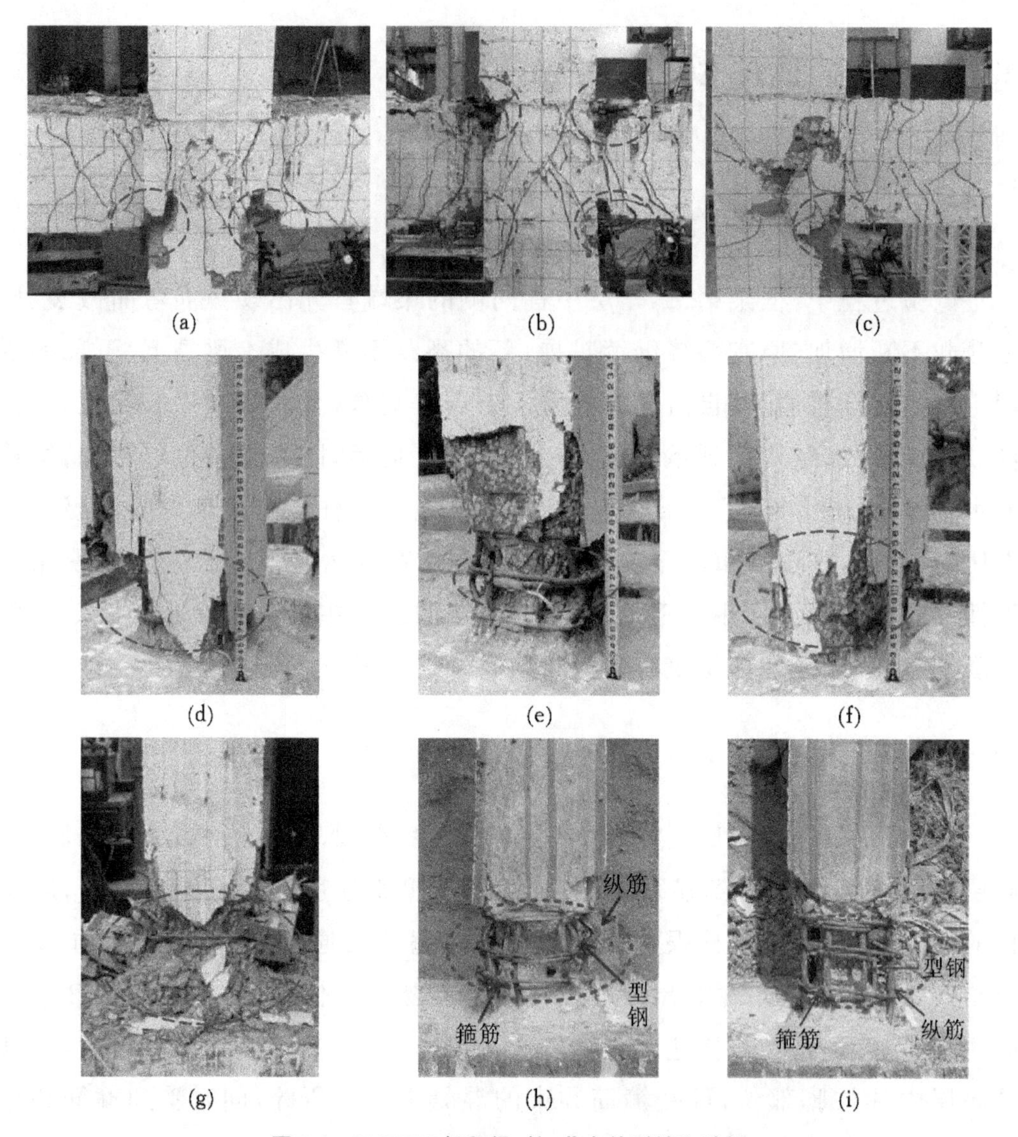

图 3.4　SRUHSC 框架梁、柱、节点的裂缝和破坏

(a) 二层梁与中柱节点；(b) 一层梁与中柱节点；(c) 二层梁与西侧柱节点；

(d) 底层西侧柱脚；(e) 底层中柱柱脚；(f) 底层东侧柱脚；

(g) 底层中柱柱脚压溃的混凝土；(h) 底层中柱柱脚钢骨架；(i) 底层东侧柱脚钢骨架

待结构接近承载能力极限状态时，交叉式倾角约 45°的微裂缝才显现于框架第二、三层中节点核心区域；到结构接近破坏状态时，第二、三层边节点核心区亦出现轻微斜裂缝，第二层边节点核心区的混凝土保护层出现局部剥落现象，但是箍筋约束区内的混凝土形状完整，其承载能力也未显著下降，如图 3.4(a)至(c)所示。

综上所述，SRUHSC 框架试件在竖向恒定轴向压力和水平反复荷载的作用下，经历了开裂、屈服、最大承载力乃至破坏四个特征阶段，极限破坏时整体结构的裂缝分布如图 3.5 所示。

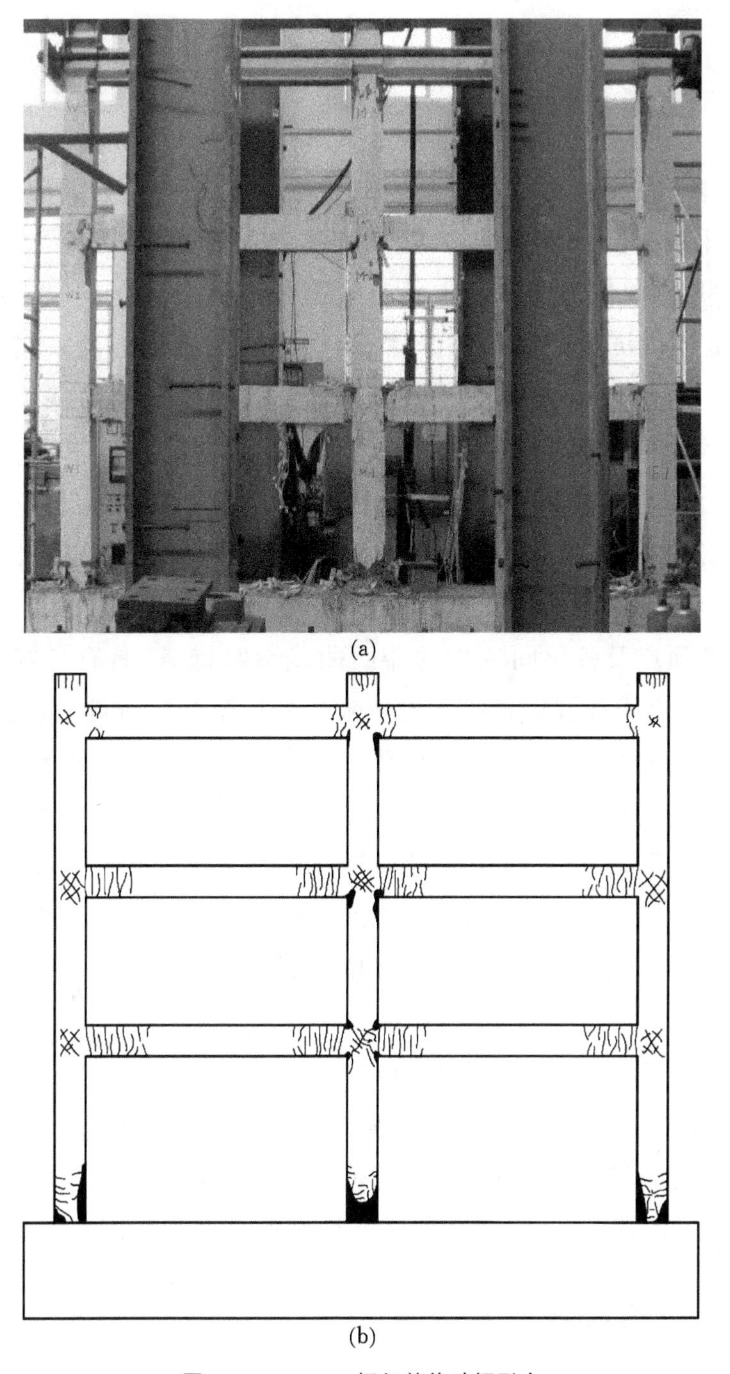

图 3.5　SRUHSC 框架整体破坏形态

(a) 框架模型整体破坏实物图；(b) 框架模型整体破坏示意图

3.4 试验结果及分析

3.4.1 滞回曲线

结构在循环往复荷载作用下的力-变形特征曲线称为滞回曲线,又称滞回规则。对于本章研究的框架结构,其滞回曲线即为框架各层梁端在反复荷载作用下的荷载-侧向位移曲线。它所包裹面积的大小直接反映出结构耗能能力的强弱,是结构抗震性能的综合体现,能够较为全面地反映结构的耗能能力、位移延性、刚度及强度退化等抗震指标。滞回环所围面积越大、越饱满,表明结构吸收地震能的能力越强,抗震性能越好。

图 3.6 给出了试验测得框架顶点位移 Δ 及各层间位移 Δ_i $(i=1,2,3)$ 分别与水平荷载 P 的滞回曲线。图中 $0.8P_{\max}$ 处的横向虚线代表滞回环在下降过程中,此处认定为结构破坏。由图 3.6 可得:

(1) 框架顶点及各层间位移的滞回曲线形状饱满,具有良好的延性和较强的耗能能力,表明逐层梁铰机制发生破坏的框架结构抗震性能良好。

(2) 加载过程中,同一级加载位移下三个循环的水平荷载峰值逐渐变小,表明结构强度有退化现象。

(3) 水平荷载与各位移在加载初期呈线性相关,表明结构尚处于弹性。但随荷载递增,滞回轨迹自梁端开裂后开始呈曲线状,且不断倾向位移轴。滞回环包裹面积虽在变大,但结构刚度也退化明显,表明框架进入弹塑性阶段。

(4) 当加载到第 5 级位移(即 $\theta=1.0\%$)时,同级位移三个加载循环的滞回环面积逐渐变小,表明结构产生积累损伤,耗能能力减弱。

(5) 在大变形阶段,每级的荷载峰值随加载循环增加而有所下降,但降幅较小,仍维持在较高水平,表明结构具有良好的延性和后期承载力。

3.4.2 骨架曲线

图 3.7 给出了框架顶点侧向位移 Δ 及各层间侧向位移 Δ_i $(i=1,2,3)$ 分别与水平荷载 P 的骨架曲线。由图 3.7 可知:

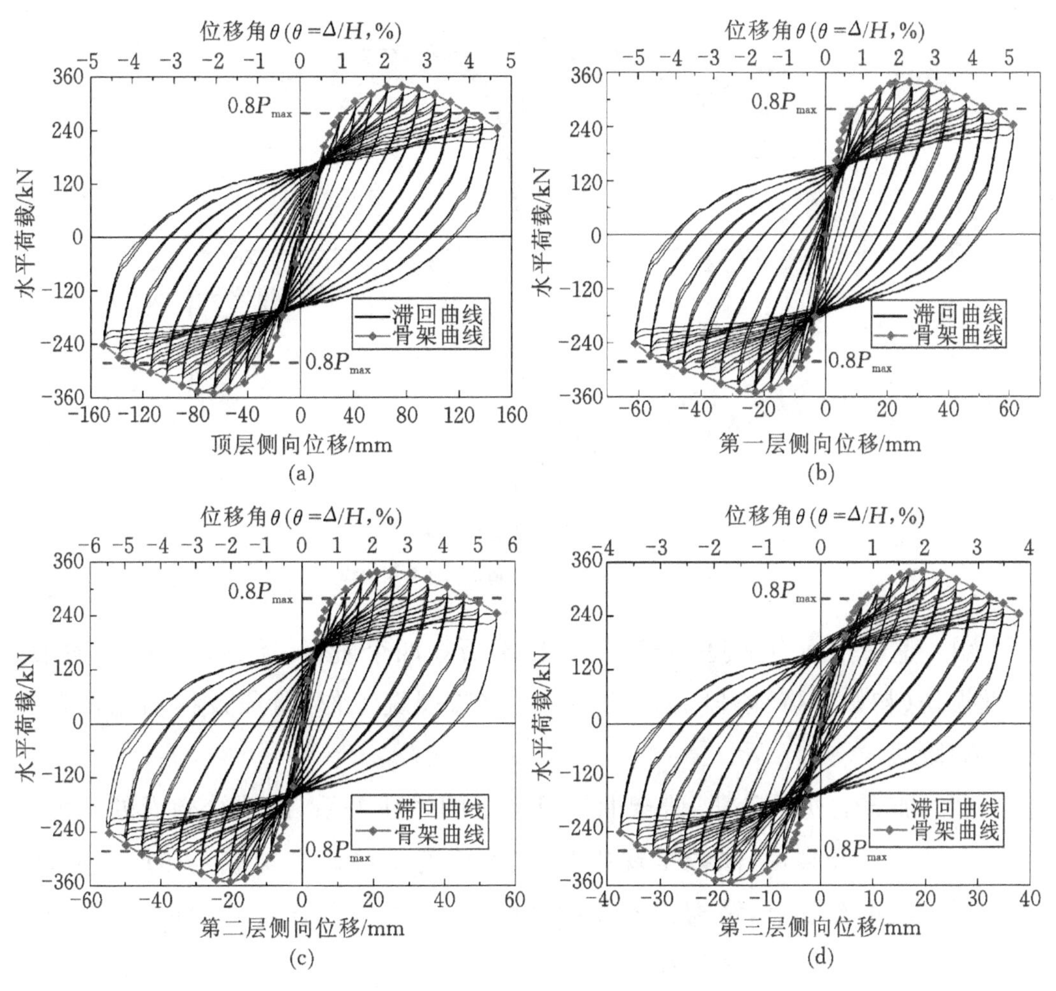

图 3.6　框架水平荷载-位移曲线

(a) 框架整体；(b) 一层层间；(c) 二层层间；(d) 三层层间

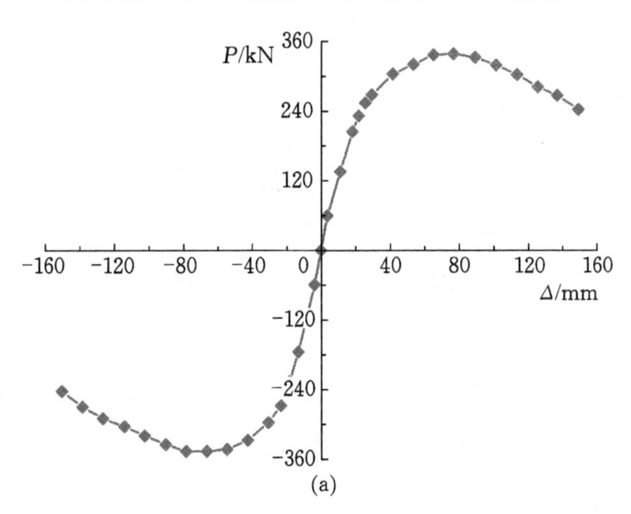

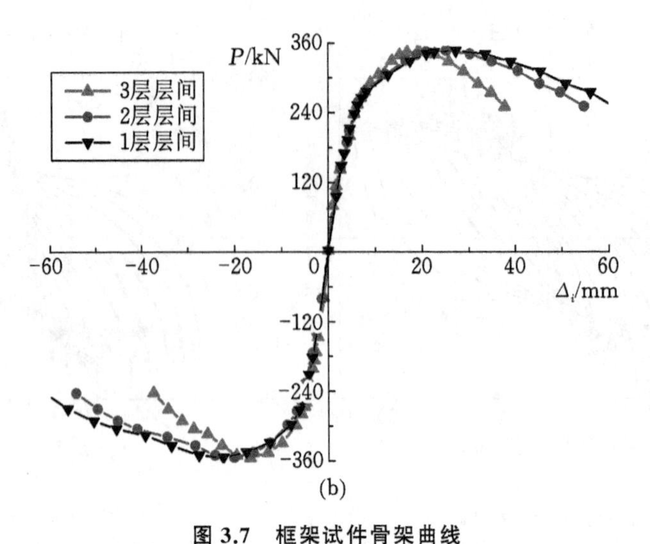

图 3.7　框架试件骨架曲线

(a) 整体骨架曲线;(b) 各层层间骨架曲线

(1) 整个拟静力试验,SRUHSC 框架历经四个阶段:无损伤(弹性)阶段、轻微损伤(初始开裂)阶段、损伤稳定发展(带裂缝工作)阶段及损伤急剧发展(破坏)阶段。

(2) 加载的初始阶段,骨架曲线呈良好的线性关系,说明结构尚处于弹性状态。待梁端开裂后,曲线呈现弯曲,刚度略有下降。当加载至屈服点后,骨架曲线出现明显拐点,结构进入负刚度状态,其刚度和强度开始退化,且衰减缓慢,表明结构具有良好延性。

(3) 各层间骨架曲线在水平荷载达到峰值前均十分接近,表明 SRUHSC 框架各层间的刚度较均匀,无突变层。

3.4.3　承载能力

表 3.4 列出了 SRUHSC 框架试件开裂、屈服、峰值和破坏四个特征状态时的水平荷载及其对应的水平位移。其中,框架开裂位移通过在试件梁端、柱端表面布置应变条观测其时程数据,最先突变处即认为开裂。由于本书采用框架柱脚混凝土剥落或劈裂时水平荷载 F_{spalling} 对应的关键截面的弯矩作为型钢超高强混凝土柱的正截面抗弯强度[16,104],故框架极限位移取其荷载降至 $0.80F_{\text{spalling}}$ 对应的位移;而框架的屈服位移采用能量等值法确定,如图 3.8 所示,即曲边形 $\overset{\frown}{OABD\Delta_{\text{m}}}$ 与梯形 $OCD\Delta_{\text{m}}$ 面积相等,推导得:

$$\Delta_y = 2(\Delta_u - \Omega / P_m) \tag{3.1}$$

式中 Ω——曲边形$\overset{\frown}{OABD\Delta_m}$的面积。

表 3.4 SRUHSC 框架试件的开裂、屈服、峰值、极限荷载及其对应的水平位移

加载	开裂时		屈服时		峰值时		破坏时	
	P_0/kN	Δ_0/mm	P_y/kN	Δ_y/mm	P_m/kN	Δ_m/mm	P_u/kN	Δ_u/mm
正向	132.8	9.58	270.7	30.89	336.8	65.80	269.5	134.2
负向	127.9	10.60	294.8	29.90	345.3	66.13	276.2	134.5
均值	130.4	10.09	282.8	30.40	341.1	65.97	272.9	134.4

注：P_0、P_y、P_m、P_u 分别为 SRUHSC 框架试件的开裂、屈服、峰值、极限荷载；Δ_0、Δ_y、Δ_m、Δ_u分别为 SRUHSC 框架试件在开裂、屈服、峰值、极限荷载时产生的水平位移。

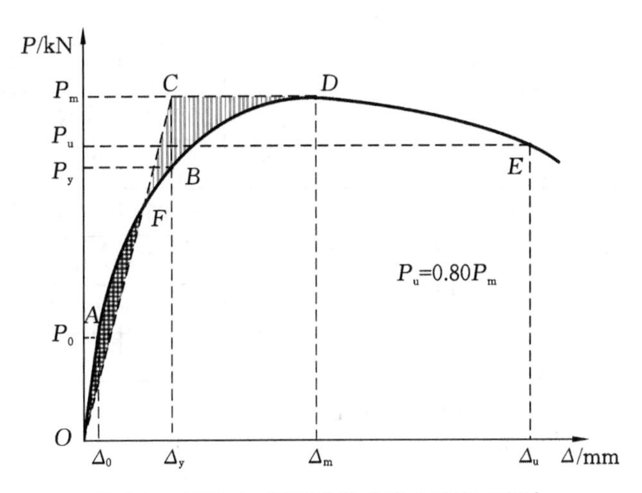

图 3.8 SRUHSC 框架骨架曲线上的各特征点

由表 3.4 及图 3.8 可知：

框架开裂时的水平荷载是峰值的 38.2%，由于在加载初期，结构处于弹性阶段，故几乎无残余变形，滞回轨迹基本呈线性往复。但随着循环位移逐级加大，结构进入弹塑性工作阶段，其表现特征为：变形加快，水平荷载卸载至零，但相应位移却未归零，残余变形较大。直至水平荷载降至峰值荷载的 80%后停止试验，此时认定结构破坏，框架的屈服荷载为峰值荷载的 82.9%。

3.4.4 变形能力

延性是表征结构抗震变形能力的一个重要参数，是指结构或构件在承载力没有显著降低的条件下其承受变形的能力，通常用位移延性系数 μ_Δ 来表示，其计算公式为：

$$\mu_\Delta = \Delta_u / \Delta_y \tag{3.2}$$

式中　Δ_u——结构达到极限状态时的总位移；

Δ_y——结构刚开始屈服时的位移。

表 3.5 及图 3.9 列出了开裂、屈服、峰值及破坏时 SRUHSC 框架整体及层间特征点的侧向位移、转角以及延性系数。由此可得：

表 3.5　SRUHSC 框架试件各特征阶段的位移

位置	方向	开裂时		屈服时		峰值时		破坏时	
		Δ_0/mm	θ_0	Δ_y/mm	θ_y	Δ_m/mm	θ_m	Δ_u/mm	θ_u
框架顶点	+	9.58	1/334	30.89	1/104	65.80	1/49	134.2	1/24
	−	10.60	1/302	29.90	1/107	66.13	1/48	134.5	1/24
一层层间	+	2.84	1/423	9.11	1/132	26.89	1/45	55.2	1/22
	−	2.74	1/438	9.22	1/130	22.57	1/53	53.2	1/23
二层层间	+	2.78	1/360	9.08	1/110	25.03	1/40	48.6	1/21
	−	2.28	1/439	8.46	1/118	20.26	1/49	47.5	1/21
三层层间	+	2.43	1/412	7.90	1/127	18.78	1/53	34.1	1/29
	−	2.68	1/373	7.41	1/135	16.74	1/60	32.9	1/30

注：θ_0、θ_y、θ_m、θ_u分别为开裂、屈服、峰值、破坏时的位移角。

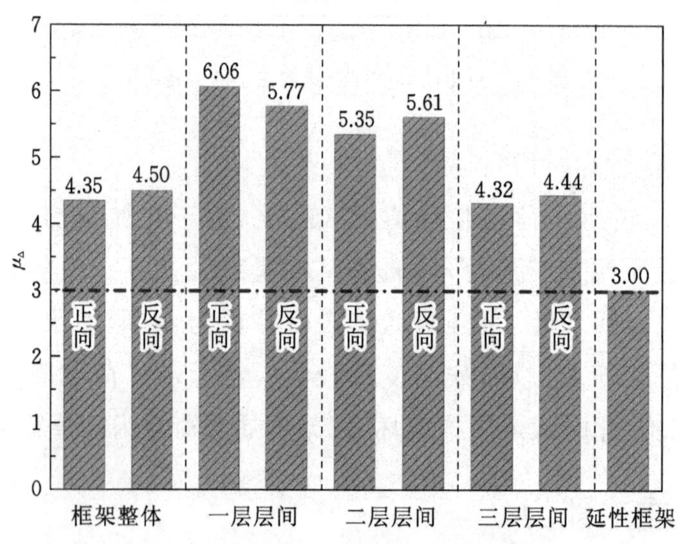

图 3.9　框架整体及各层层间位移延性系数

(1) 框架整体及各层间的 μ_Δ 均处于 4.32～6.06，完全满足一般延性框架大于 3.0 的要求，表明此框架结构变形能力良好，与本试验延性框架的设计思想吻合。同时，各层间的 μ_Δ 自上而下逐渐变大，也吻合水平荷载作用下框架剪切变形的特点。

(2) 我国现行抗震设计规范规定：钢筋混凝土框架及多高层钢结构的弹性层间位移角(Δ_0/h)限值和弹塑性层间位移角(Δ_u/h)限值分别为 1/550 和 1/50。而本试验结构正反向的最大弹性层间位移角为 1/360，最大弹塑性层间位移角为 1/21，比 GB 50011—2010 的规定分别提高了 1.5 倍和 2 倍。由此表明：在小震($\theta_0=1/550$)时，SRUHSC 框架结构完全处于弹性工作阶段而未发生实质性破坏；在强震($\theta_u=1/50$)时，SRUHSC 框架结构能产生较大的变形而耗散能量，并未倒塌。同时，在水平承载能力没有显著降低的条件下，SRUHSC 框架结构从开裂直至破坏的整个过程中拥有良好的塑性变形能力。

3.4.5　耗能能力

通过数值积分计算每个加载位移等级第 1 个加载循环所耗散的能量 E，可以计算框架试件耗能能力。等效黏滞阻尼系数 h_{eq} 的概念是在 1930 年由 Jacobson 提出[112]，其已作为工程抗震中衡量结构耗能能力的重要指标。等效黏滞阻尼系数(图 3.10)可按式(3.3)计算。

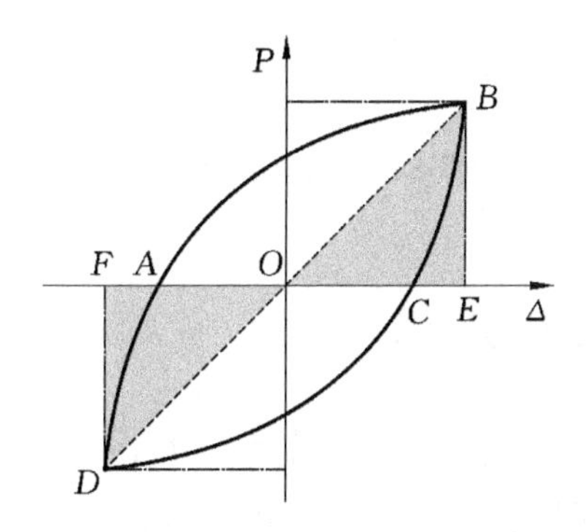

图 3.10　等效黏滞阻尼系数 h_{eq} 计算示意图

$$h_{eq}=\frac{1}{2\pi}\frac{S_{\widehat{ABC}}+S_{\widehat{CDA}}}{S_{\triangle BOE}+S_{\triangle DOF}} \tag{3.3}$$

式中　$S_{\widehat{ABC}}$——曲线 AB、BC 与坐标横轴所围的面积；

$S_{\widehat{CDA}}$——曲线 AD、CD 与坐标横轴所围的面积；

$S_{\triangle BOE}$——$\triangle BOE$ 的面积；

$S_{\triangle DOF}$——$\triangle DOF$ 的面积。

本试验通过对 SRUHSC 框架滞回环进行数值积分，可定量分析从加载到破坏整个过程试件的耗能状况。等效黏滞阻尼系数随循环位移变化的趋势如图 3.11 所示。由图 3.11 可知：

(1) 框架模型屈服前，h_{eq} 较小，表明框架基本处于弹性阶段。

(2) 随加载位移递增，h_{eq} 也随之增加。待结构进入弹塑性阶段后，试件的累积损伤虽然不断加大，但是承受外荷载的能力增长趋缓甚至下降，而随加载位移的大幅增长，h_{eq} 依然能够随之增长，在达到极限破坏状态时，h_{eq} 达0.295，表明 SRUHSC 框架结构具有良好的耗能能力，是一种性能优异的抗震结构。

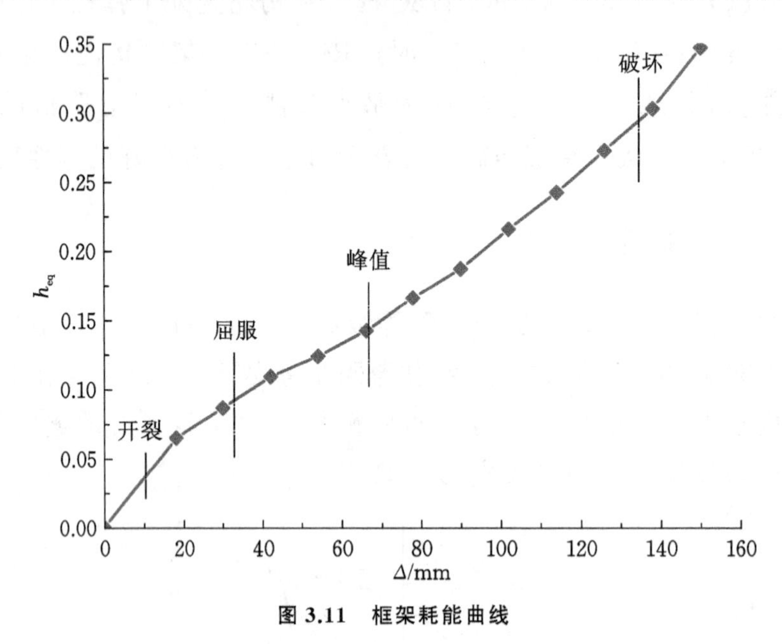

图 3.11　框架耗能曲线

3.4.6　刚度及强度退化

为反映框架在推、拉反复荷载作用下对其刚度的影响，分别取各循环滞回曲线的上、下半周，依据文献[113]的统计方法对其框架模型试件的整体及各层间割线刚度进行计算，如图 3.12 所示。

结构或构件在加载位移幅值不变的情况下，其承载力随加载次数递增而降低的特性称为强度衰减。它反映了结构在一定变形的条件下，强度随荷载往复次数增加而降低的特性。与结构刚度退化类似，在反复加载过程中，结构的累积损伤不断加大，其强度也随之衰减，衰减的快慢直接表明结构抵御外荷载的能力强弱。因此，通常采用某一加载控制位移下第 3 次循环时峰值

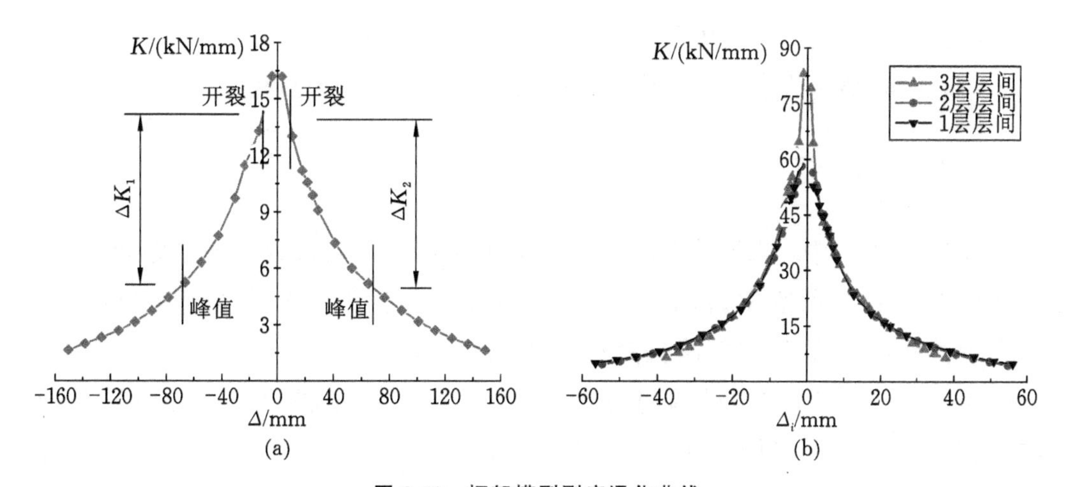

图 3.12 框架模型刚度退化曲线

(a) 框架整体刚度退化；(b) 各层间刚度退化

荷载与该级加载步首次加载时的峰值荷载之比来表征，即按结构强度退化率 λ_i 计算：

$$\lambda_i = P_{i,3}/P_{i,1} \tag{3.4}$$

式中 $P_{i,1}$，$P_{i,3}$——第 i 级加载，第 1、3 次循环时水平荷载的峰值。

试件整体及各层间强度退化曲线如图 3.13 所示。

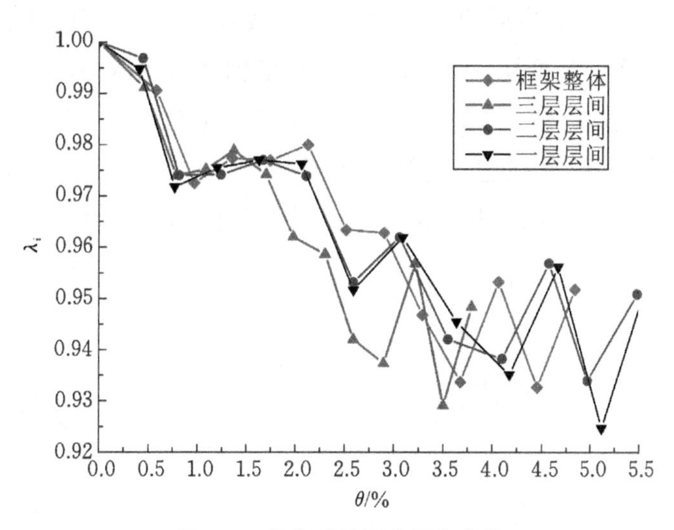

图 3.13 框架试件强度退化曲线

由图 3.12 和图 3.13 可知，SRUHSC 框架随位移增加：

（1）框架结构在梁端开裂至水平荷载达峰值这段过程其刚度退化显著，而结构的强度退化系数介于 0.92～1.00 之间，也即说明试件的承载能力较强。

（2）由于试验需施加反复水平荷载，故框架第三层加装的水平传力丝杠对顶层梁起到加强作用，从而导致三层层间刚度相对较大。

(3) 框架结构中各层间的刚度和强度退化趋势较为接近。

3.4.7 应变分析

在试验过程中，梁端最先出现裂缝，但到试验后期，以柱子丧失承载能力为试验结束的判别依据。因此，结构中纵筋、复合箍筋及型钢的应变对判断整个框架结构体系的破坏情况具有重要意义。

由本书3.3节可知，试验过程中，整个框架结构底层的破坏现象显著，底层柱脚混凝土保护层局部压酥、剥落，尤其是底层中柱柱脚破坏最为严重，混凝土被压碎、纵筋与型钢均被屈曲、箍筋扩张外凸，因此，特选取底层柱端纵筋、箍筋及型钢的应变，来反映框架模型在低周反复荷载作用下的受力过程。

图3.14为框架模型水平荷载与应变的滞回响应(图中应变方向定义如下：正值为拉应变；负值为压应变)。由图3.14可知：

加载初期，框架处于弹性阶段，纵筋、箍筋及型钢的应变几乎呈线性，其残余变形很小；当混凝土开裂后，结构所受荷载重新分配并转化到钢筋上，导致钢筋的应力、应变不断增加。随着混凝土裂缝的扩展，钢筋的应变迅速增加；尤其是在混凝土保护层剥落的过程中，底层中柱柱脚的纵筋与型钢很快达到屈服；在混凝土保护层剥落后，边柱因受轴压力相对较小(边柱轴压力为中柱的一半)，底层边柱柱脚的箍筋直至试验快结束时才屈服，而底层中柱柱脚的箍筋随着加载位移的递增应变逐渐增大，尤其是从屈服开始到加载后期，一直发挥着作用，这说明高强箍筋对超高强混凝土约束作用得到充分发挥，约束效果良好。

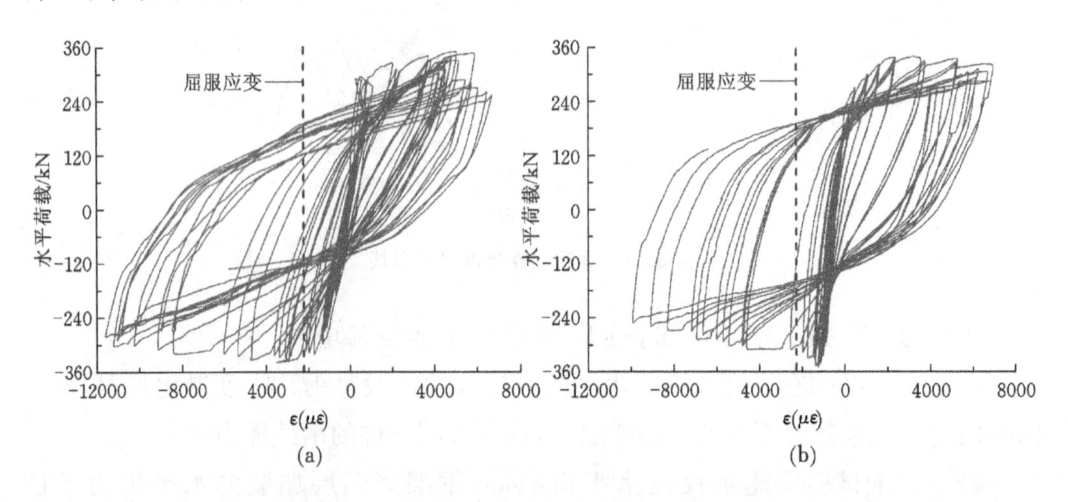

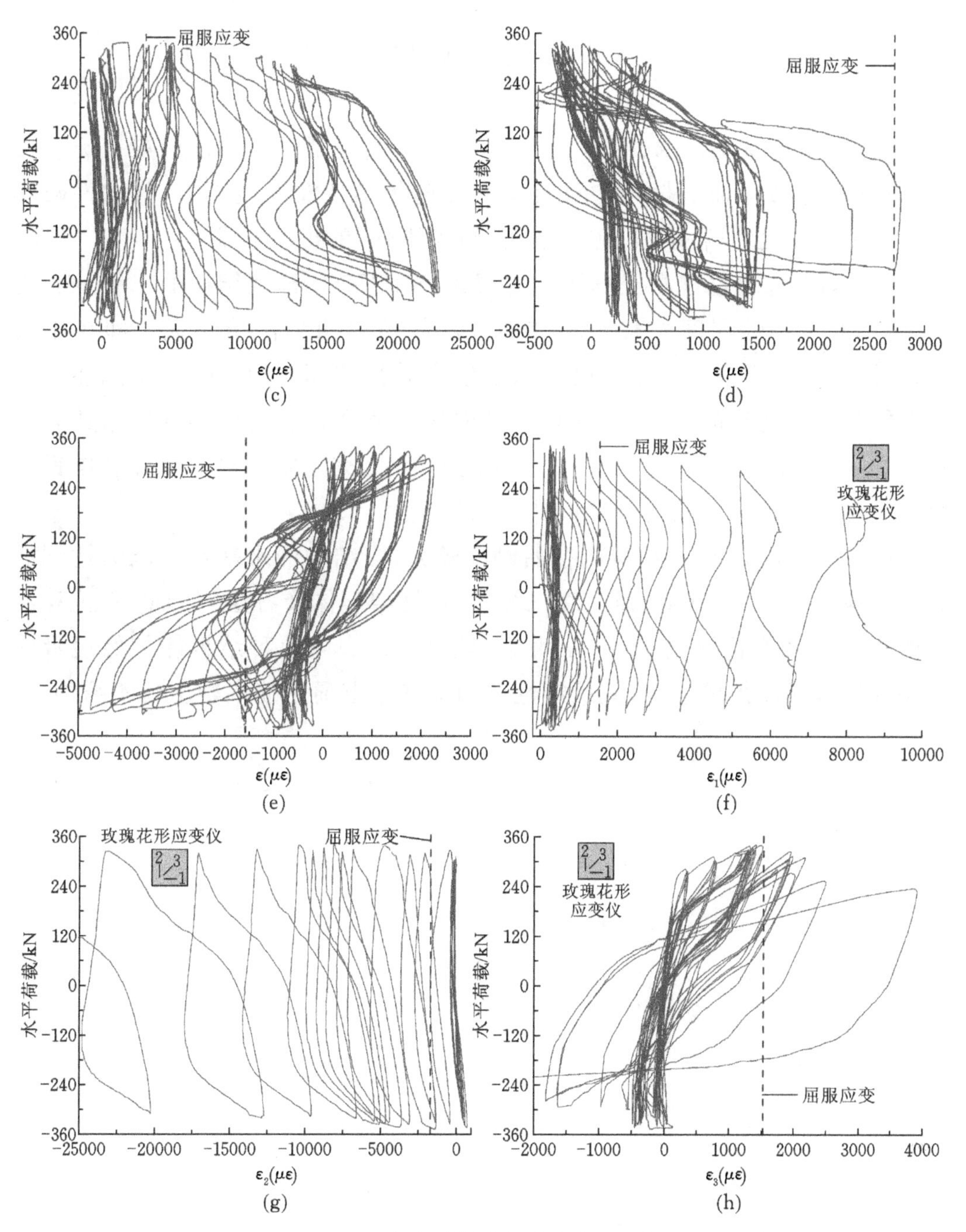

图 3.14 框架试件荷载-应变滞回响应

(a) 一层中柱柱脚纵筋;(b) 一层边柱柱脚纵筋;(c) 一层中柱柱脚箍筋;(d) 一层边柱柱脚箍筋;

(e) 一层中柱柱脚的钢骨翼缘外侧;(f) 一层中柱柱脚的钢骨腹板应变花-1 向;

(g) 一层中柱柱脚的钢骨腹板应变花-2 向;(h) 一层中柱柱脚的钢骨腹板应变花-3 向

ε—应变;$ε_1$—应变花 1 方向应变;$ε_2$—应变花 2 方向应变;$ε_3$—应变花 3 方向应变

本章小结

(1) 经合理设计,SRUHSC 框架结构基本实现了预期的逐层梁铰破坏机制,该机制能够保证框架结构具有良好的整体延性及耗能能力,且构件破坏次序和过程满足"强柱弱梁、强剪弱弯、节点更强"的抗震要求。

(2) 与普通钢筋混凝土框架结构相比,SRUHSC 框架结构的水平承载力更高,其最大弹性层间位移角和弹塑性层间位移角的限值更大。即在小震时,结构完全处于弹性工作阶段而未发生实质性破坏;在强震时,结构能产生较大的变形而耗散能量,并未倒塌。且框架整体和各层间位移延性系数均在 4.32～6.06 之间,说明结构具有良好的抗震延性,完全吻合目前世界各国钢筋混凝土设计规范中对结构延性设计的思想理念。

(3) SRUHSC 框架结构的初始刚度较大,当结构的水平承载能力达到屈服乃至峰值以后,其刚度、强度衰减缓慢,且框架整体及各层间的荷载-位移滞回曲线均呈圆润饱满的梭形,无明显捏缩现象,表明此种结构能较好地吸收并耗散地震所施加的能量,其抗震性能明显优于普通钢筋混凝土框架结构。

4 SRUHSC与SRNSC框架结构体系抗震性能对比分析

4.1 引言

超高强混凝土($f_{cu}>100\ N/mm^2$)具有抗压强度高、耐久性好、变形小等优点,但其受压时呈高脆性的特点也很突出。通过在超高强混凝土中配置钢骨和高强箍筋,对混凝土加强约束,使其处于不同程度的三向受压状态,可有效改善超高强混凝土极限压缩变形能力,充分发挥钢骨抗拉及超高强混凝土抗压的优良特性,从而提高结构的承载力和抗震延性[26]。而且,钢骨超高强混凝土(SRUHSC)结构在实现提高承载力和抗震性能的同时,因其结构构件截面尺寸的缩小从而提高了建筑空间的利用率。因此,钢骨超高强混凝土结构在实际工程中得到了广泛应用[99]。

目前,国内外在钢骨超高强混凝土结构设计和施工方面仍缺乏相关的规范或规程。欧洲钢与混凝土组合结构规范[114]规定,用于钢骨混凝土结构的混凝土,其圆柱体抗压强度$f'_c\leqslant 50\ N/mm^2$,相当于我国的C60级混凝土;美国钢结构学会标准[68]规定,用于钢骨混凝土结构的混凝土,其圆柱体的抗压强度$f'_c\leqslant 55\ N/mm^2$,相当于我国的C65级混凝土。我国现行《钢骨混凝土结构技术规程》(YB 9082—2006)和《组合结构设计规范》(JGJ 138—2016)分别适用于C80、C60以下混凝土。虽然国内外对钢骨混凝土结构开展了较多研究[26,32,89],但是所用的混凝土强度相对较低,对钢骨超高强混凝土结构的研究较少,且仅限于构件层面(柱、节点等),鲜有涉及结构体系,这些均影响了钢骨超高强混凝土结构的发展及应用。

研究表明,在钢骨超高强混凝土柱中通过合理地配置箍筋和型钢,可具有良好的曲率延性和轴心受压位移延性[26,31,104]。为此,作者基于之前研究成果,优化配置,设计了两个两跨三层钢骨混凝土框架,其中一个是钢骨超高强混凝土柱-钢骨普通强度混凝土梁组合框架模型,另一个则是钢骨普通强度混凝土(Steel Reinforced Normal-strength Concrete,SRNSC)框架模型(具体参见本书第2章)。在高轴压比状态下,对这两种框架结构进行低周反复荷载作用下的抗震性能试验研究,分析两种框架结构的受力性能,研究其破坏模式、荷载-位移滞回性能、变形延性、强度衰减、刚度退化以及能量耗散等抗震性能,以期验证SRUHSC柱-SRNSC梁组合框架结构具有良好的抗震性能,同时也可为其抗震设计提供参考。

4.2 试验概况

4.2.1 试件设计

为试验方便起见,本章的试验模型按无井式横梁约束作用的单榀框架设计,依据相似律原则,按1/4的比例,制作了两组两跨三层混凝土框架,即钢骨超高强混凝土柱-钢骨混凝土梁(SRUHSC柱-SRNSC梁)组合框架和钢骨普通强度混凝土(SRNSC)框架,以下分别记为SRUHSC框架和SRNSC框架。两组框架试件即为第2章中介绍的框架模型B、C,试件具体的配筋状况、几何尺寸以及建造流程,详见本书2.2.2节。其中,SRUHSC框架,柱的混凝土强度等级为C100,梁的混凝土强度等级为C40;而SRNSC框架的梁与柱的混凝土强度等级均为C40。两组框架试件的几何尺寸相同,框架柱的长细比l_0/b:一层为6,二、三层为5;框架柱的剪跨比λ:一层为3.0,二、三层为2.5;框架梁的跨高比l_n/h一至三层均为8.38;梁柱线刚度比β:SRUHSC框架的底层边柱与中柱分别为0.370、0.740,二、三层的边柱与中柱均分别为0.336、0.673;SRNSC框架的底层边柱与中柱分别为0.482、0.963,其二、三层的边柱与中柱均分别为0.438、0.876。

依据《建筑抗震设计规范》(GB 50011—2010)[14],原型结构的抗震设防烈度为8度(0.2g),Ⅱ类场地,设计地震分组为第一组。另外,根据《组合结构设计规范》(JGJ 138—2016)[28],抗震等级为二级、剪跨比λ大于2的柱设计轴压比限值为0.75,故框架柱轴压力水平取其限值。轴压比$n=N/(A_g f_{cm})$是反映柱所受轴向压力水平的指标,其中,N为施加的恒定轴压力;A_g为柱的截面面积;f_{cm}为柱中混凝土的棱柱体平均抗压强度。由于设计轴压比与试验轴压比存在1∶2的关系[18],故而试验中两组框架模型所取的试验轴压比均为0.38。同时,设定框架中柱压力是边柱的2倍,则对于SRUHSC框架,中柱与边柱施加的恒定轴向压力为1600 kN和800 kN,而对于SRNSC框架,则分别为 640 kN 和 320 kN。

4.2.2 材料性能

本试验中，框架试件采用的 C100 超高强混凝土、C40 普通强度混凝土的配合比及力学性能基本参数详见表 3.1 及表 3.2。框架试件的梁、柱中均配置 10# 热轧 Q235 级工字钢，采用 HRB400 级高强箍筋及热轧 HRB335 级带肋纵筋，各型号钢筋及型钢的力学性能详见表 3.3。

4.2.3 加载方案

试验中，框架试件始终受恒定的轴向压力和位移控制的水平反复作用。荷载由精度不超过 0.1%的压力传感器测量，试件的变形由精确到 0.01 mm、规格为 300 mm 的 LVDT 测量，以上各仪器会同试件内外布置的应变片，统一连接到 IMC 数据采集系统中，具体采集方法详见本书 2.6.3 节。

本试验竖向荷载由在梁跨中设置的两个 3000 kN 液压千斤顶施加，通过分配钢梁将轴向压力传递到各框架柱顶，以此保证中柱压力是边柱的 2 倍，水平荷载则由 1000 kN 电液伺服作动器施加，各测量仪器布置及试件加载装置如图 4.1 所示。

(a)

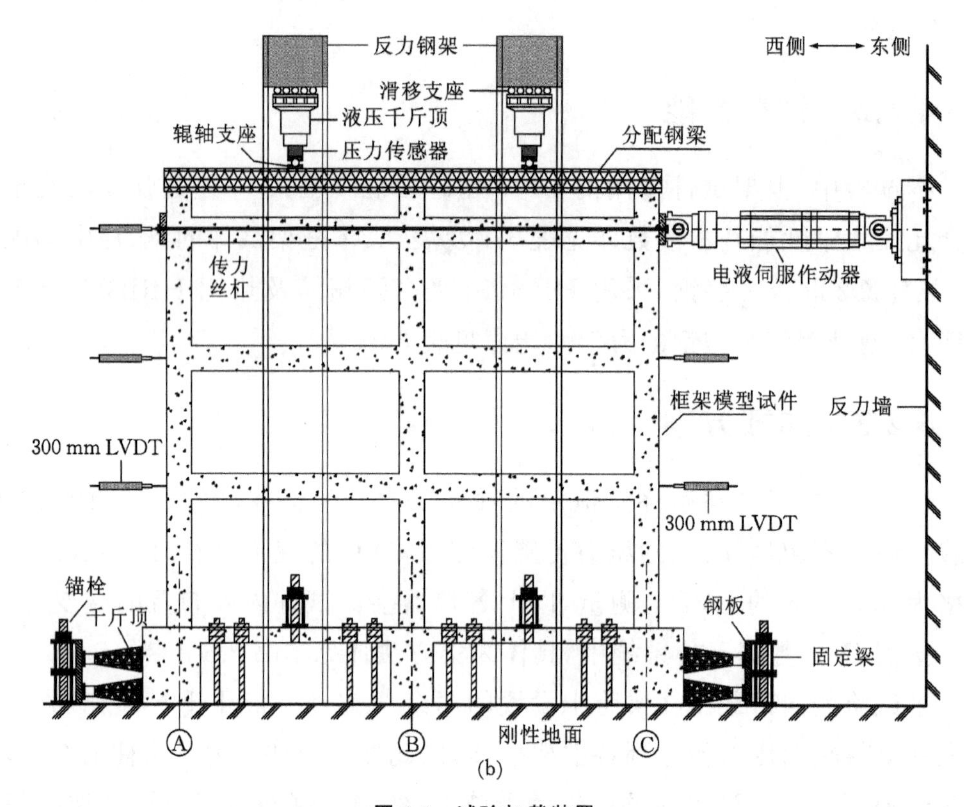

(b)

图 4.1　试验加载装置

(a) 试验现场；(b) 加载示意图

为保证框架结构中柱的轴向压力是边柱的 2 倍，特在梁跨中设置两座 300 t 级的液压千斤顶，通过分配钢梁将轴向压力传递至框架柱顶。试验的水平荷载由北京佛力公司制造的 100 t 级电液伺服作动器施加。

正式加载前，先预加载，措施如下：稍施加较小轴力（100 kN）和水平荷载（10 kN），反复试验 2 次，观测各仪器及数据采集系统是否正常工作、轴向力加载是否偏心，待无误后，可正式加载。试验中，要使框架中柱试验轴压比 n 达 0.38，依据材料实测强度可得，两轴向液压千斤顶均需先施加至 1600 kN（SRUHSC 框架）和 640 kN（SRNSC 框架），并保持恒定，然后水平向的电液伺服作动器开始工作，其采用位移变幅等幅混合控制加载方式，即前三级加载控制位移按位移角（$\theta=\Delta/H$）分别为 0.2%、0.3%和 0.4%施行，每级循环 1 次；此后每级加载按位移角分别为 0.6%、1.0%、1.4%……施行，每级循环 3 次，如图 3.2 所示，待水平荷载降至破坏标准后，即可停止试验。需要说明的是，对于 SRUHSC 框架模型，其认定试件的破坏标准为水平荷载降至峰值荷载的 80%[16,17,26]，而 SRNSC 框架模型，其破坏标准则依据《建筑抗震试验规程》(JGJ/T 101—2015)的规定，即为水平荷载降至峰值荷载的85%。

4.2.4 测量内容

试验主要监测内容：①框架模型整体破坏形态及梁端、柱端、节点的裂缝开展；②框架各层梁端侧向位移；③框架顶部水平往复荷载；④底层框架柱端弯曲、剪切变形；⑤框架部分边节点、中节点核心区的剪切变形及箍筋应变；⑥框架柱端、梁端相应位置中箍筋、纵筋及型钢的应变；⑦框架部分梁端、柱端混凝土的应变等。以上量测数据均采用德国IMC数据采集系统进行时程检测、采集。

4.3 试验现象及破坏形态

试验中，两框架试件的破坏过程及形态基本相似。当施加柱轴压力至预定的目标值时，两框架模型除产生微小轴向变形外，均未观察到其他变化。

接着，进行水平位移控制加载。加载到第3个加载步($\theta=0.4\%$)时，细小的竖向裂缝首先产生在第1层中节点的梁端，水平荷载随控制位移的增大而增大，新裂缝不断显现，原裂缝继续扩展，但明显可见反向加载时SRUHSC框架裂缝的闭合能力更强。当到第4个加载步($\theta=0.6\%$)时，伴随一清脆的劈裂声，SRUHSC框架底层柱脚保护层显现横向裂纹。待到第8个加载步($\theta=2.2\%$)时，结构变形达到《建筑抗震设计规范》(GB 50011—2010)对混凝土框架结构罕遇地震设防的层间位移角限值(1/50)，两框架试件水平承载力均达到峰值，此时第1层中节点梁端上、下部的主裂缝逐渐贯通，梁端塑性铰逐渐形成，塑性铰区混凝土被压碎，中节点核心区出现大约呈45°角交叉分布的微小裂缝，底层边柱柱脚裂缝贯通，底层中柱柱脚混凝土有局部压酥现象。SRUHSC框架待到第13个加载步($\theta=4.2\%$)时，水平承载能力降至峰值的80%[16,17]；SRNSC框架加载到第12个加载步($\theta=3.8\%$)时，水平承载能力降至峰值的85%。此时，底层中柱柱脚发生明显竖向变形，柱脚混凝土完全压溃，纵筋压屈、外鼓，柱身错位，结构已处于濒临倒塌的状态，遂卸去轴压力，停止试验。由于中柱轴压力是边柱的2倍，故两框架模型的中部区域比两侧破坏严重，且破坏状况自上而下愈发加重。底层中柱和边柱柱端破坏区域长度分别约为300 mm和150 mm。整个试验过程中，第2、3层柱的裂缝开裂较轻，亦无贯通裂缝产生，节点核心区的箍筋应变均未超出屈服应变，满足“强节点”的设计原则。结束加载时，2 个框架模型的整体破坏形态如图 4.2 所示。

(a)

(b)

图 4.2 框架模型破坏形态

(a) SRUHSC 框架；(b) SRNSC 框架

4.4　试验结果及分析

4.4.1　滞回曲线

滞回曲线又称恢复力特征曲线，用来反映恢复力与变形之间的关系，因具有滞回性能并呈环状，故而该种受力状态下的恢复力曲线又称为滞回曲线或滞回环。曲线所围面积称为滞回面积，它的大小可直接反映结构或构件的抗震耗能能力，因此，滞回曲线是结构抗震性能的综合体现，也是进行结构抗震弹塑性动力反应分析的主要依据。

图 4.3 给出了 SRUHSC 与 SRNSC 框架的水平荷载-顶点位移(P-Δ)以及水平荷载-层间侧向位移(P-Δ_i，$i=1,2,3$)的滞回曲线。由图 4.3 可见：

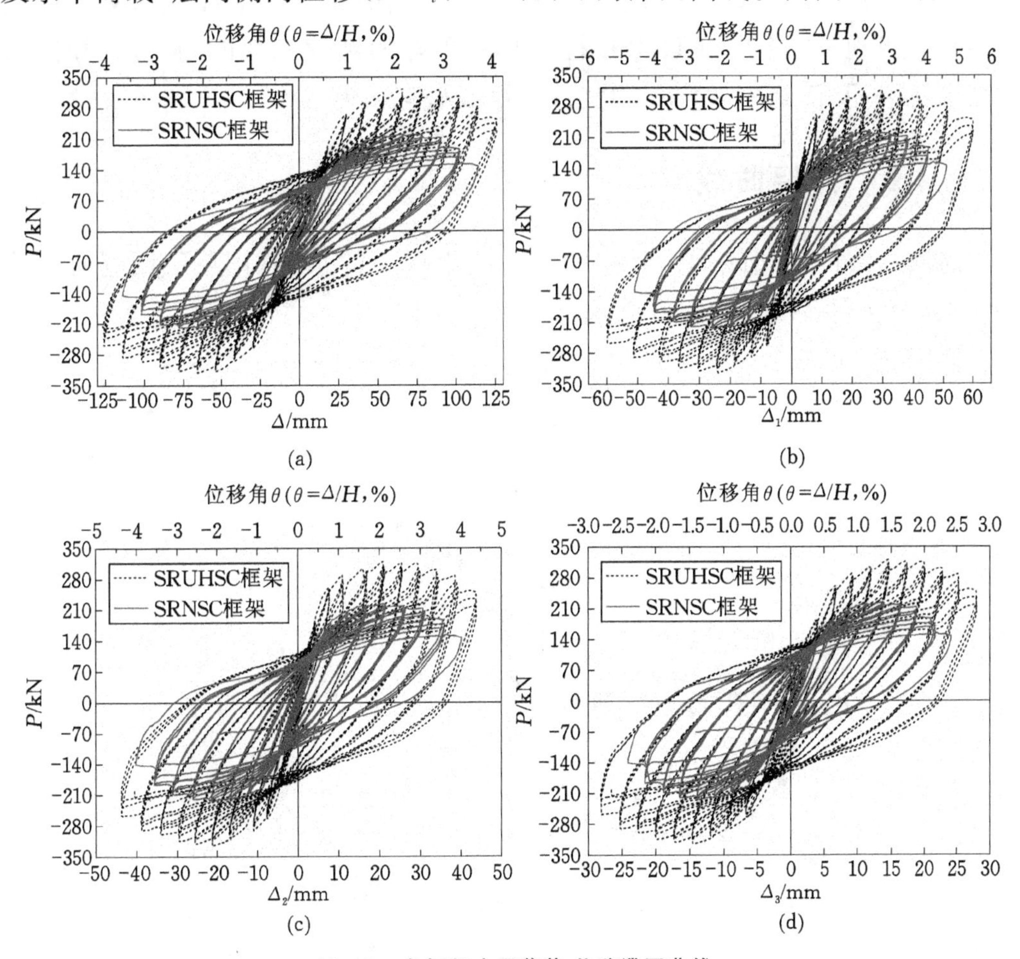

图 4.3　各框架水平荷载-位移滞回曲线

(a) P-Δ；(b) P-Δ_1；(c) P-Δ_2；(d) P-Δ_3

(1) 试件在开裂前,滞回曲线包裹面积很小,曲线基本呈线性变化,在反复加载过程中,刚度退化很小,表明试件均处于弹性状态。自梁端开裂,随着荷载的增加,滞回曲线开始向位移轴倾斜,此时滞回曲线包裹的面积增大,框架刚度退化明显,表明结构进入了弹塑性工作状态。

(2) 待结构进入屈服阶段后,卸载时滞回曲线无法回到零点,产生了残余变形;施加反向荷载时,相较于上一个循环,其滞回轨迹的斜率有所降低,刚度的退化趋势加大,且伴随循环次数的增加,这种现象也越发明显。试验结果表明,相比于 SRNSC 框架,SRUHSC 框架结构体系即使进入带裂缝工作的塑性屈服阶段,其刚度退化也比 SRNSC 框架的更为平缓,尽管循环加载位移不断增大,但 SRUNSC 框架依然具有较大的刚度。

(3) 在几何尺寸、钢筋、钢骨配置及轴压比相同的情况下,相比于 SRNSC 框架,SRUHSC 框架的 P-Δ 曲线呈"梭形",更显饱满且稳定,而 SRNSC 框架则略有捏拢现象,表明 SRUHSC 框架具有更好的延性和耗能能力。同时,试验结果还表明,两组框架模型均实现了梁铰破坏机制。

4.4.2 骨架曲线

滞回曲线的包络线称为骨架曲线。两组框架的水平荷载-顶点侧向位移(P-Δ)以及水平荷载-层间侧向位移(P-Δ_i,$i=1,2$ 3)的骨架曲线如图 4.4 所示。由图 4.4 可知:

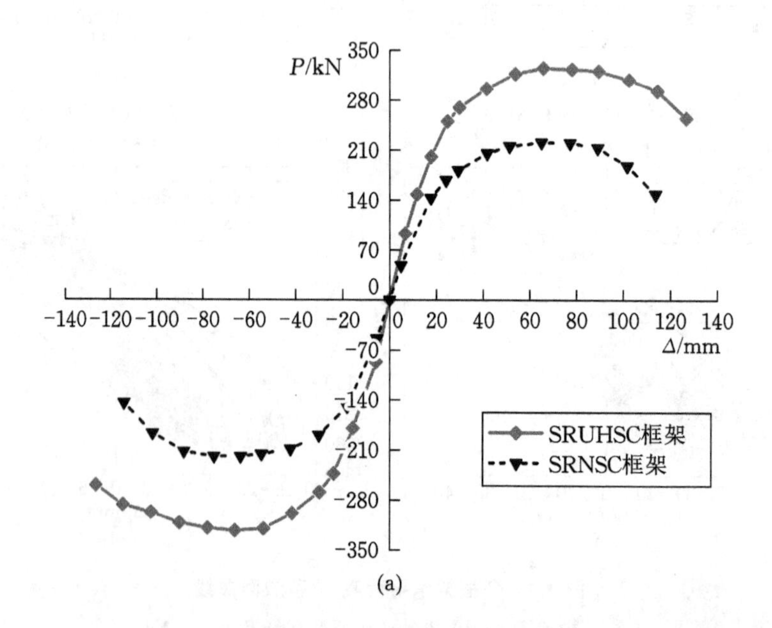

(a)

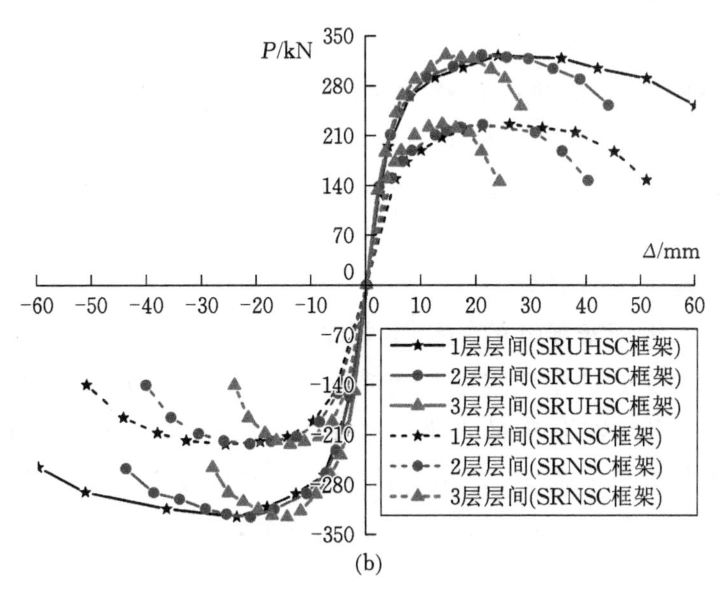

图 4.4　两框架模型骨架曲线

(a) 两框架整体骨架曲线；(b) 两框架各层间骨架曲线

(1) 在低周反复荷载作用下，两组框架模型结构均经历了弹性、屈服、极限以及破坏四个特征阶段。

(2) 除 SRUHSC 框架的水平承载力明显大于 SRNSC 框架外，二者在各阶段所呈现的规律很相似：加载初期，骨架曲线均呈线性发展；梁端开裂后，骨架曲线开始呈弯曲状，试件刚度略有降低；当加载至曲线出现明显拐点时，框架试件屈服，刚度退化显著。随位移增大，荷载达到峰值后，骨架曲线开始进入负刚度段。

(3) 两框架模型试件各个层间的骨架曲线在水平荷载达到峰值前均很相近，表明框架结构无突变层，各层刚度较为接近。

4.4.3　承载能力

两框架模型各特征荷载，即开裂荷载 P_0、屈服荷载 P_y、峰值荷载 P_m、破坏荷载 P_u均列于表 4.1。它们均通过整体骨架曲线上对应各水平特征位移(即开裂位移 Δ_0、屈服位移 Δ_y、峰值位移 Δ_m、破坏位移 Δ_u)来确定。试验中，通过在框架试件的各柱端、梁端表面布置应变条(100 mm×3 mm)检测时程数据，若数据突变则表明该部位有裂缝产生[115]。通过此法，最先检测有裂缝时其对应的位移定为开裂位移 Δ_0；骨架曲线上，屈服位移 Δ_y对应的荷载定为屈服荷载 P_y；峰值荷载 P_m即为骨架曲线上荷载最大之处；当框架模型进入负刚度阶段，对 SRUHSC 框架，破坏荷载 P_u取降至 $0.8P_m$的荷载[26]，而对 SRNSC 框架，则按常规，破坏荷载 P_u取降至 $0.85P_m$的荷载。

由于混凝土材料非线性特征显著，结构在 P-Δ 骨架曲线上无明显屈服点，故而屈服位移 Δ_y采用能量等值法[116]确定，如图 3.8 所示，其计算公式见式(3.1)。

由表 4.1 及图 4.4(a)可知：

(1) 本章两组框架模型的轴压比虽取值相同，但由于超高强混凝土强大的抗压性能，SRUHSC 框架实际所受的轴向荷载是 SRNSC 框架的 2.5 倍，在这种状况下，SRUHSC 框架的水平承载能力依然全面强于 SRNSC 框架。

(2) 对于各个特征荷载：开裂荷载 P_0、屈服荷载 P_y、峰值荷载 P_m、破坏荷载 P_u，SRUHSC 框架分别是 SRNSC 框架的 1.50 倍、1.47 倍、1.47 倍以及 1.39 倍。

4.4.4 变形能力

采用位移延性系数 μ_Δ作为其结构变形能力的评价指标，具体计算公式见式(3.2)。

两组框架模型各个特征阶段的试验结果列于表 4.1，整体及各层间的位移延性系数 μ_Δ如图 4.5 所示。由表 4.1 和图 4.5 可得：

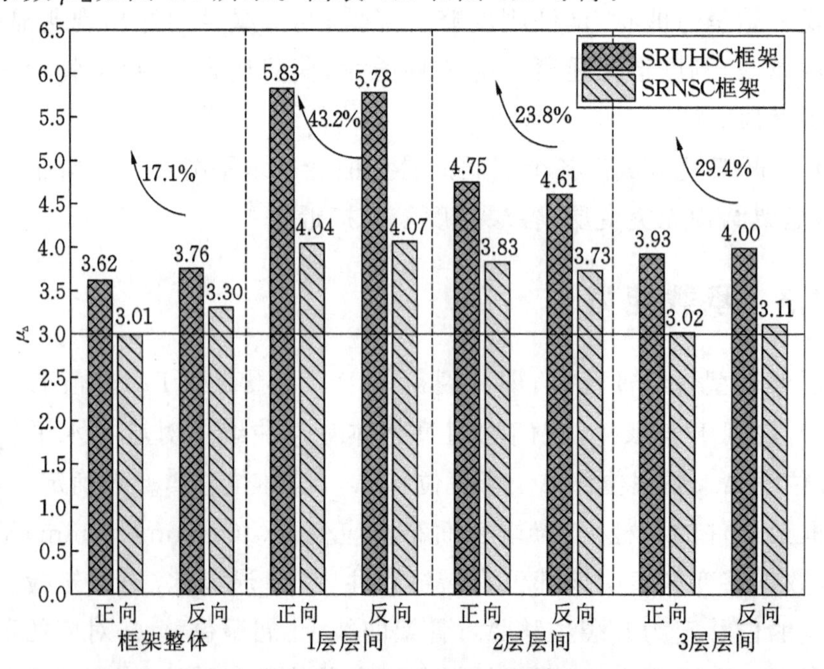

图 4.5 框架整体及各层层间位移延性系数

表 4.1　主要阶段试验结果

试件	部位	加载方向	开裂时			屈服时			峰值荷载时			破坏时		
			P_0/kN	Δ_0/mm	θ_0	P_y/kN	Δ_y/mm	θ_y	P_m/kN	Δ_m/mm	θ_m	P_u/kN	Δ_u/mm	θ_u
SRUHSC框架	顶点	正	125.7	9.89	1/324	281.3	34.69	1/92	324.81	66.02	1/48	259.85	125.7	1/25
		负	133.7	10.57	1/303	279.3	33.73	1/95	323.59	66.03	1/48	258.87	126.7	1/25
	1层	正	192.1	3.87	1/310	274.5	10.01	1/120	321.15	23.88	1/50	256.92	58.4	1/21
		负	187.6	4.16	1/288	279.2	10.24	1/117	326.23	23.73	1/51	260.98	59.2	1/20
	2层	正	137.3	2.33	1/429	275.2	9.12	1/110	321.96	20.96	1/48	257.57	43.3	1/23
		负	155.5	3.01	1/332	281.9	9.51	1/105	326.63	21.22	1/47	261.30	43.8	1/23
	3层	正	131.9	2.09	1/478	269.1	7.03	1/142	322.16	14.51	1/69	257.73	27.6	1/36
		负	150.7	2.33	1/429	272.3	6.98	1/143	326.63	14.56	1/69	261.30	27.9	1/36
SRNSC框架	顶点	正	83.7	9.74	1/329	190.6	33.65	1/95	220.6	65.2	1/49	187.51	101.2	1/32
		负	88.4	9.95	1/322	193.1	31.69	1/101	219.7	63.6	1/50	186.75	105.4	1/30
	1层	正	74.9	2.67	1/449	193.0	11.01	1/109	224.75	26.01	1/46	191.04	44.5	1/27
		负	77.1	2.89	1/415	197.3	10.83	1/111	224.32	25.75	1/47	190.67	44.1	1/27
	2层	正	78.5	2.30	1/435	192.4	9.24	1/108	224.17	21.16	1/47	190.54	35.4	1/28
		负	69.2	2.24	1/446	197.3	9.44	1/106	223.59	21.30	1/47	190.05	35.2	1/28
	3层	正	80.0	2.06	1/485	195.2	7.09	1/141	224.90	13.86	1/72	191.17	21.4	1/47
		负	84.5	2.04	1/490	197.4	6.74	1/149	224.17	13.97	1/72	190.54	21.0	1/48

(1) SRUHSC框架的位移延性系数μ_Δ介于3.62～5.83之间，SRNSC框架的位移延性系数μ_Δ介于3.01～4.07之间，从框架整体至各层间，相较于SRNSC框架，SRUHSC框架各部位的μ_Δ分别提高了17.1%、43.2%、23.8%和29.4%，由此可见，SRUHSC框架的抗震延性全面优于SRNSC框架。

(2) 我国现行抗震设计规范[14]对钢筋混凝土框架结构的弹性层间位移角(Δ_0/h)限值为1/550，弹塑性层间位移角(Δ_u/h)限值为1/50，而SRUHSC框架与SRNSC框架正反两方向的最大弹性层间位移角分别为1/288、1/322，结构最大弹塑性层间位移角分别为1/20、1/27，由此说明两试件均满足规范要求、设计合理。

(3) 相较于SRNSC框架，SRUHSC框架模型的弹性层间位移角和弹塑性层间位移角最大值分别提高了11.8%和35.0%，由此表明，SRUHSC框架从开裂直至最终极限破坏，在确保承载能力不显著降低的条件下，其具有更好的塑性变形能力。

4.4.5 能量耗散

能量耗散能力是指结构或构件吸收地震能量后将其转化为热能、机械能等其他非弹性变形能的能力，是评价结构抗震性能的又一重要指标，在低周往复加载试验中表现为荷载-位移滞回曲线所围的面积，面积越大则其耗能能力越强，如图4.6所示，其数学表达式为：

$$E_i^j = \oint_{\overset{\frown}{\mathrm{EFGHIE}}} P\,\mathrm{d}\Delta \tag{4.1}$$

为研究框架结构体系在整个加载过程中耗能能力的变化，本书采用试验中各个加载级数总的能量耗散$E_{\mathrm{sum},i}$来衡量，如图4.6所示，其计算公式为：

$$E_{\mathrm{sum},i} = \sum_{j=1}^{n} E_{i,j} \tag{4.2}$$

式中 $E_{\mathrm{sum},i}$——第i级加载步总的耗散能量；

n——第i级加载步的循环次数；

$E_{i,j}$——第i级加载步第j次循环时滞回环所围的面积。

图4.6中，K_{i+}代表第i级加载步第j次正向加载时试件的环线刚度；K_{i-}代表第i级加载步第j次反向加载时试件的环线刚度；$P_{i,j}$为第i级加载步第j次加载时滞回曲线上荷载峰值；$\Delta_{i,j}$为第i级加载步第j次加载时滞回曲线上位移峰值。事实上，滞回环所围面积的大小在一定程度上直接反映结构抗震

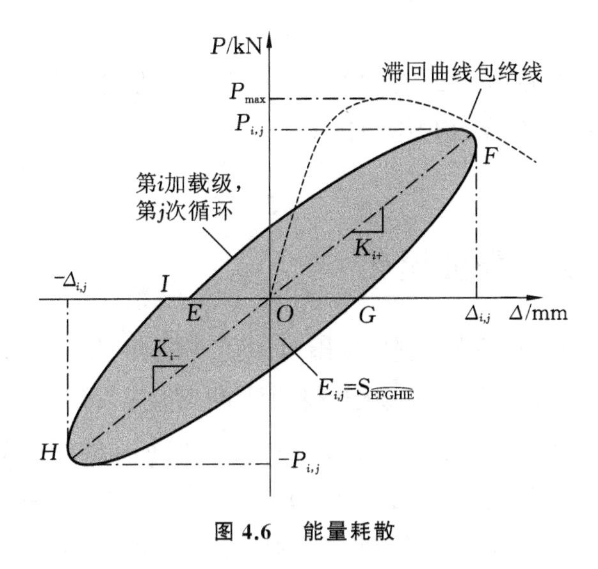

图 4.6 能量耗散

性能的优劣。通过数值积分可对结构从加载到破坏整个过程的耗能状况进行定量分析。SRUHSC框架与SRNSC框架的耗能曲线如图4.7所示。由图4.7可知：

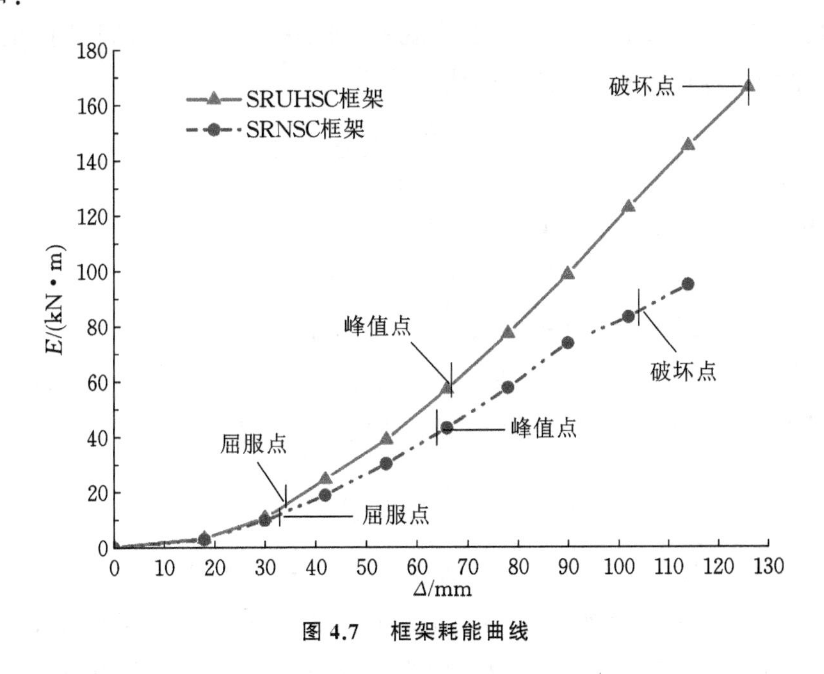

图 4.7 框架耗能曲线

(1) 两组框架模型屈服前，侧向刚度基本保持稳定，几乎无倾斜，耗能值较小，耗能曲线基本重合，表明其均处于弹性阶段。

(2) 随加载位移不断递增，两组框架模型的耗能能力也随之增强，从开始直至最终极限破坏、试验结束，SRUHSC框架结构的耗能能力始终优于

SRNSC 框架结构。

(3) 从框架结构屈服至最终破坏,虽然二者的积累损伤均不断加大,承受的荷载增长缓慢甚至下降,但 SRUHSC 框架结构的耗能能力增强的趋势也明显强于 SRNSC 框架结构。

4.4.6 刚度及强度退化

刚度的退化反映了结构损伤的累计,它是结构抗震性能的又一重要指标。加载过程中,框架模型的混凝土裂缝不断滋生、发展,钢筋的部分弹塑性变形,以及混凝土与钢筋之间的黏结滑移等,种种因素均导致结构的损伤不断累积。其中,在梁端、柱端以及梁柱节点区混凝土的开裂、剥落是引起结构刚度退化的主要原因。随着顶层处水平作动器加载位移的递增,框架试件内部随水平作用荷载的逐渐增加而不断受到损伤,尤其是梁端钢筋屈服以后,试件变形加快,其内部损伤越发严重,导致试件的刚度不断退化。

为反映框架试件在推、拉反复荷载作用下其刚度的影响,依据《建筑抗震试验规程》(JGJ/T 101—2015)[118] 的规定,采用割线刚度研究试件的刚度退化。试件的割线刚度 K_i 的表达式为:

$$K_k = \frac{|+P_k| + |-P_k|}{|+\Delta_k| + |-\Delta_k|} \tag{4.3}$$

式中 K_k—— 第 k 次循环时试件的割线刚度;

$+P_k$,$-P_k$—— 正向、反向最大荷载;

$+\Delta_k$,$-\Delta_k$—— 与 $+P_k$、$-P_k$ 对应的位移。

本章拟静力试验中框架模型由于采用位移变幅等幅混合控制加载方式,故而采用更为合理的试件环线刚度 K_i 来衡量,其定义为:

$$K_i = \sum_{j=1}^{n} P_{i,j} \Big/ \sum_{j=1}^{n} \Delta_{i,j} \tag{4.4}$$

式中 K_i—— 第 i 级加载步第 j 次循环时试件的环线刚度;

$P_{i,j}$—— 第 i 级加载步第 j 次循环时滞回曲线上荷载峰值;

$\Delta_{i,j}$—— 第 i 级加载步第 j 次循环时滞回曲线上位移峰值;

n—— 第 i 级加载步循环的次数。

SRUHSC 框架与 SRNSC 框架,其正反向加载时的环线刚度退化曲线如图 4.8 所示。图 4.8 中,位移 Δ 值为正时,对应的加载向为向东侧拉,反之则为向西侧推。

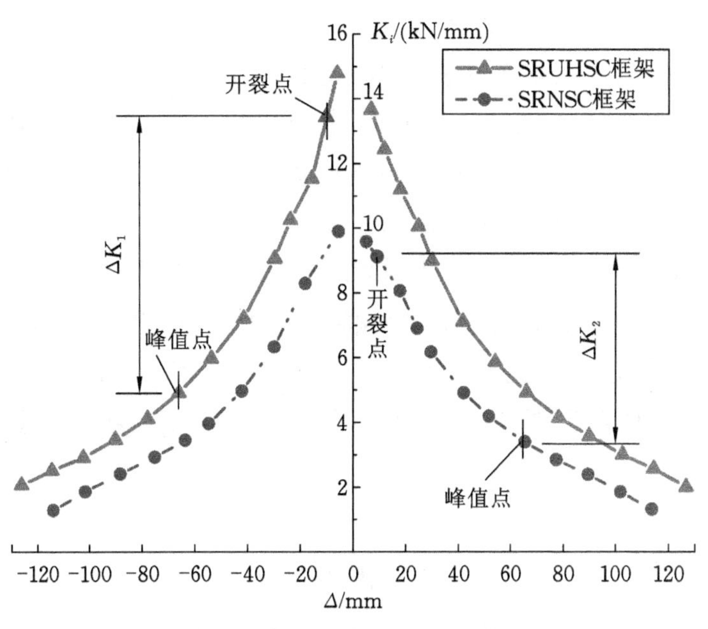

图 4.8　框架环线刚度退化曲线

在位移幅值不变的条件下，结构承载力随往复加载次数的增加而降低。通常采用结构承载力退化系数 η_i 来表征，其表达式为：

$$\eta_i=\frac{P_{i,3}}{P_{i,1}} \tag{4.5}$$

式中　$P_{i,1}$，$P_{i,3}$——第 i 级加载步第1、3次循环水平荷载的峰值。

两框架模型整体及各层间强度退化曲线如图4.9所示。

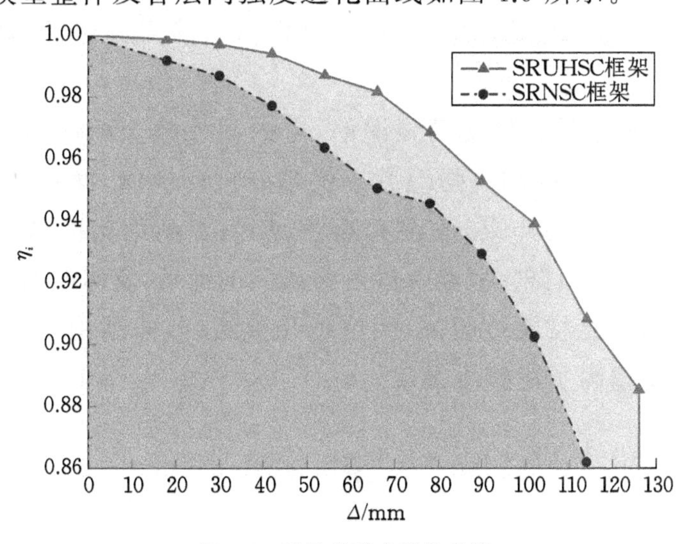

图 4.9　试件承载力退化曲线

由图 4.8、图 4.9 可知,随加载位移增加:

(1) 两框架试件在整个往复加载过程中,SRUHSC 框架的刚度始终大于 SRNSC 框架,但二者退化趋势基本相同。同时,受结构累计损伤的影响,两框架模型负向加载(向西侧推)时,其环线刚度始终大于正向加载(向东侧拉)。

(2) SRUHSC 框架刚度退化的主要部分 ΔK_1 与 SRNSC 框架刚度退化的主要部分 ΔK_2 均发生在从开裂到荷载达到峰值前后。

(3) 两试件的强度退化系数最小值分别为 0.89 和 0.86,说明两组框架模型的承载能力均较稳定,退化不明显。同时,由于 SRUHSC 框架的强度退化系数始终大于 SRNSC 框架,表明 SRUHSC 框架的承载能力退化更缓,更为稳定。

本章小结

本章对 SRUHSC 与 SRNSC 两组框架结构体系在低周反复荷载作用下进行抗震性能试验,基于试验结果,得出如下结论:

(1) 经合理设计,SRUHSC 框架和 SRNSC 框架均能够实现梁铰破坏机制,构件破坏过程满足“强柱弱梁、强剪弱弯、节点更强”的抗震要求。

(2) 在 SRUHSC 框架结构实际所受的轴向荷载远大于 SRNSC 框架的情况下,SRUHSC 框架的水平承载能力更高,其最大弹性、弹塑性层间位移角均优于 SRNSC 框架结构。同时,相较于 SRNSC 框架,SRUHSC 框架结构不仅后期承载能力全面占优,而且其抗震延性依然能得到保证,具有优越的塑性变形能力。

(3) 通过内置钢骨和外配高强箍筋,由内而外地全面加强对超高强混凝土的约束,既可充分发挥超高强混凝土优越的抗压性能,增强结构承载能力,又可通过其对混凝土的约束,改善其脆性,从而提高结构的整体延性。相较于 SRNSC 框架,SRUHSC 框架整体及各层间的荷载-位移滞回曲线饱满度更佳,耗能能力更强,结构刚度更高,强度退化更缓,整体结构安全性更好,适合在震区的高层及超高层建筑中采用。

5 钢骨超高强混凝土框架结构恢复力模型研究

随着高层、超高层建筑的兴建,超高强混凝土的应用也越发增多,对它的研究也日益深入[16,17,111,119,120]。钢骨超高强混凝土(SRUHSC)组合结构由于具有承载能力高、变形能力强、耐火性能较好、自重变轻、综合效益好等优点,而在高层、超高层建筑中应用越发广泛[99]。第3、4章的试验研究表明:将钢骨超高强混凝土柱与钢骨普通强度混凝土梁有机结合,组成一种新型的SRUHSC框架结构体系,其抗震性能明显优于普通钢骨混凝土框架结构。现行的抗震规范规定:对于一些重要的高层建筑、刚度和质量分布不均匀的建筑以及高度超过一定规定的建筑,除了采用反应谱法对其进行抗震分析外,还应采用弹塑性时程分析法对其进行补充分析。而恢复力模型是结构抗震分析的基础,其选取是否合理直接关系到非线性分析的好坏。在地震作用下,结构真实的受力状况,如刚度退化、强度衰减、位移延性、耗能以及不同材料间黏结滑移等情况,理想的恢复力模型均能够表征。因此,合理地建立荷载-位移恢复力模型,对深入研究结构的受力机理及抗震性能具有重要的理论意义和应用价值。

目前,多数恢复力模型均是基于普通钢筋混凝土结构而建立,如梁岩等[121]、马颖等[122]、Xiao Jianzhuang 等[123]对压弯荷载作用下钢筋混凝土柱的恢复力进行了研究,建立了三折线模型;Li Wei 等[124,125]在低周反复荷载试验的基础上,对钢-混组合框架节点进行三折线恢复力模型的研究;郭子雄等[126]开展的在高轴压比下钢筋混凝土框架柱的低周反复荷载拟静力试验,研究了7个试件的抗震性能,并建立考虑轴压比对框架柱滞回特性影响的恢复力模型;殷小溦等[127]通过对试验数据进行回归拟合,建立了考虑含钢率、配箍率以及截面尺寸三个因素影响的钢骨普通强度混凝土柱恢复力模型。

在超高强混凝土方面,目前仅有构件层面的恢复力模型。闫长旺等[128]提出了适合于SRUHSC中节点的三折线骨架模型和恢复力模型;刘伟等[129]基于对6个SRUHSC边节点进行反复加载试验,考虑轴压比、体积配箍率的影响因素,通过试验数据拟合回归,建立了恢复力模型。尽管如此,目前在

SRUHSC 框架结构体系层面上的恢复力模型鲜有涉及，迫切需要进行相关研究。

结构的恢复力滞回模型通常是在骨架曲线上附以相应的滞回规则，传统模型很少能够完全反映结构在不同受力阶段强度、刚度的退化，第 3 章的试验表明，在反复荷载作用下，SRUHSC 框架结构其特征荷载（即屈服荷载、峰值荷载）、硬化刚度以及加卸载刚度均会随着循环次数的增加而降低，此即 SRUHSC 框架结构循环退化行为。本章拟通过滞回模型中引入能反映结构循环退化行为的循环退化指数，建立考虑循环退化效应的 SRUHSC 框架结构体系的恢复力滞回模型，利用 MATLAB 软件编写程序，通过该模型的计算结果与试验结果进行对比，以期验证所建立恢复力模型的有效性，并可为 SRUHSC 框架结构的抗震性能研究提供理论参考。

5.1　荷载-位移骨架曲线模型

基于第 3 章中 SRUHSC 框架顶点侧向位移 Δ 及各层间侧向位移 Δ_i（$i=1,2,3$）分别与水平荷载 P 的骨架曲线，如图 3.7 所示。

因此，本书 SRUHSC 框架宜采用三折线简化模型（假设正、反向骨架曲线对称），如图 5.1 所示：

$$OA\text{ 段}: P=K_e\Delta,\ 0\leqslant\Delta\leqslant\Delta_y \tag{5.1}$$

$$AB\text{ 段}: P=P_y+K_s(\Delta-\Delta_y),\ \Delta_y\leqslant\Delta\leqslant\Delta_m \tag{5.2}$$

$$BC\text{ 段}: P=P_m+K_n(\Delta-\Delta_m),\ \Delta>\Delta_m \tag{5.3}$$

式中　K_e——弹性刚度；

K_s——强化刚度；

K_n——软化刚度。

模型分为弹性阶段（OA）、强化阶段（AB）以及下降阶段（BC）三个部分。其中，B 点为水平荷载最大值点；A 点为弹性阶段和弹塑性阶段的分界点。

用直线段方程可表示为：

① 弹性阶段的刚度即弹性刚度 K_e，为骨架曲线上坐标原点（0，0）至屈服点（Δ_y，P_y）的连线，其用来描述骨架曲线的弹性阶段，结构在此阶段的荷载按式（5.1）计算。

② 强化阶段的刚度即强化刚度 K_s，为骨架曲线上屈服点（Δ_y，P_y）与峰值点（Δ_m，P_m）的连线，用来描述结构屈服后的刚度效应，强化刚度 K_s 通常与

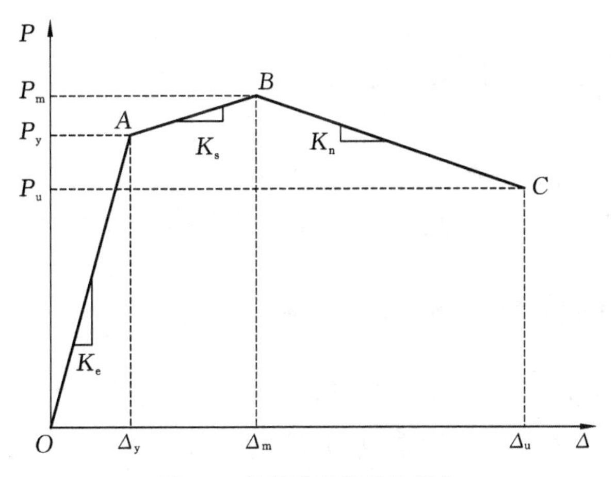

图 5.1　骨架曲线及其特征点

A—结构屈服点；B—结构峰值点；C—结构破坏点；P_y—结构屈服荷载；P_m—结构峰值荷载；P_u—结构破坏荷载；Δ_y—结构屈服位移；Δ_m—结构峰值位移；Δ_u—结构破坏位移

弹性刚度 K_e 成比例，即：

$$K_s = \alpha_s K_e \tag{5.4}$$

式中　α_s——强化刚度与弹性刚度的比例系数，通常由试验得到。

相关试验表明，钢结构和钢筋混凝土结构的强化刚度比例系数 α_s 分别为 0.03 和0.1[130,131]，参照本书第 3 章的试验结果，本书将 SRUHSC 框架结构的 α_s 取为 0.176。显然，钢结构与钢筋混凝土结构的 α_s 明显低于 SRUHSC 结构，由此表明，即使 SRUHSC 结构屈服后，其承载能力仍有较大的提升，其结构的峰值荷载按式(5.2)计算。

③ 下降阶段刚度即软化刚度 K_n，用来描述结构骨架曲线刚度下降阶段，其物理意义为水平荷载达到最大值后结构承载力的衰减梯度。结构在地震中倒塌，往往与其软化刚度 K_n 有关。与强化刚度 K_s 类似，软化刚度 K_n 与弹性刚度 K_e 通常也成一定的比例关系，即：

$$K_n = \alpha_n K_e \tag{5.5}$$

式中　α_n——软化刚度与弹性刚度的比例系数。

相关试验表明，钢结构和钢筋混凝土结构的强化刚度比例系数 α_s 分别为 −0.03 和 −0.24[130,131]，参照本书第 3 章的试验结果，本书对 SRUHSC 框架结构的 α_n 取为 −0.107，该值明显高于钢筋混凝土结构而低于钢结构。由此表明，当水平荷载超过峰值后，SRUHSC 框架结构的承载能力显著优于钢筋混凝土结构，衰减较慢。

5.2 恢复力模型与滞回规则

要完整地描述结构的恢复力模型，必须同时定义结构的骨架曲线与滞回规则，其中一方发生变化，则意味着结构的动力性能也随之变化。

5.2.1 结构恢复力模型

本书第3、4章的试验研究表明，SRUHSC框架结构的骨架曲线按各特征点(屈服点、峰值点、极限点)可较为明显地分成三段，故SRUHSC框架结构宜采用三折线恢复力模型，并引入循环退化系数[132]，以此来表征SRUHSC框架结构在各加载阶段受力性能的退化。

SRUHSC框架结构在反复荷载作用下，各个受力阶段均会引起强度的衰减和刚度的退化，而这种变化又会引起结构耗能能力的变化。由此可见，耗能能力是结构强度衰减和刚度退化的客观反映。假定在某一加载制度下，结构的耗能能力为一定量，则结构的循环退化系数可表示为：

$$\beta_i=\left[\frac{E_i}{E_{\mathrm{t}}-\sum_{j=1}^{i-1}E_j}\right]^{3/2} \tag{5.6}$$

式中 E_i—— 第 i 次循环加载时结构的耗能；

$\sum_{j=1}^{i-1}E_j$—— 第1至$(i-1)$次循环加载时结构累积的耗能；

E_{t}—— 结构能量耗散的能力，其数学表达式为：

$$E_{\mathrm{t}}=5I_{\mathrm{w}}\left(\frac{P_{\mathrm{y}}\Delta_{\mathrm{y}}}{2}\right) \tag{5.7}$$

式中 I_{w}—— 功比指数。

I_{w} 是描述结构耗能能力的一个指标，它反映了在反复加载过程中，结构塑性铰区吸收能量的大小，其数学表达式为：

$$I_{\mathrm{w}}=\frac{\sum_{i=1}^{m}\sum_{j=1}^{n}P_{i,j}\Delta_{i,j}}{P_{\mathrm{y}}\Delta_{\mathrm{y}}} \tag{5.8}$$

式中 $P_{i,j}$，$\Delta_{i,j}$——第 i 级加载步第 j 次循环时结构卸载点的水平荷载及对应的位移值；

P_{y}，Δ_{y}—— 结构的屈服荷载和屈服位移；

n—— 每级加载步循环的次数；

m—— 试验的加载级数。

功比指数 I_w 值越大，代表结构耗能能力越强。

通常，结构的等效黏滞阻尼系数和能量耗散系数均能反映其刚度退化的过程，但它们主要针对分析单个滞回环，不能反映出结构破坏前总的耗能能力。功比指数 I_w 能够很好地解决这一问题[133]。

退化指数 β_i 的值介于[0,1]之间，越趋近于1，则表示结构的退化形势越严重。若 $\beta_i < 0$ 或 $\beta_i > 1$，即结构在某次加载循环下所耗散的能量超过了结构耗散的能力，则认为结构破坏失效，而 $\beta_i < 0$ 与实际情况不符，则根据式(5.6)，其数学表达式为：

$$\beta_i > 1 \tag{5.9}$$

$$E_i > E_t - \sum_{j=1}^{i-1} E_j = 5I_w\left(\frac{P_y\Delta_y}{2}\right) - \sum_{j=1}^{i-1} E_j \tag{5.10}$$

需要指出的是，功比指数 I_w 是建立上述模型的重要指标，其值可根据试验结果确定。对于具有常规设计参数的钢骨混凝土结构，功比指数 I_w 通常可近似取50，而本章研究的SRUHSC框架结构，依据第3章的试验结果，功比指数 I_w 为88.16，由此可见，SRUHSC框架结构的耗能能力很强，达到常规钢骨混凝土结构的1.76倍。

5.2.2 滞回规则

基于本书第3、4章中的试验结果，SRUHSC框架结构刚度退化的滞回规则可归纳为硬化段规则、软化段规则、卸载刚度退化规则以及再加载刚度退化规则。

(1) 硬化段规则

硬化段规则包含两个方面：① 屈服荷载的退化；② 硬化刚度的退化。运用结构的循环退化系数 β_i，在反复荷载作用下结构屈服荷载的退化规律可表示为：

$$P_{yi}^{+} = (1 - \beta_i) P_{y(i-1)}^{+} \tag{5.11}$$

$$P_{yi}^{-} = (1 - \beta_i) P_{y(i-1)}^{-} \tag{5.12}$$

式中 $P_{y(i-1)}^{+}$，P_{yi}^{+}—— 结构在推向加载时第 i 次加载循环前后结构的屈服荷载；

$P_{y(i-1)}^{-}$，P_{yi}^{-}—— 结构在拉向加载时第 i 次加载循环前后结构的屈服荷载。

结构硬化段刚度的退化规则为：

$$K_{si}^{+}=(1-\beta_i)K_{s(i-1)}^{+} \tag{5.13}$$

$$K_{si}^{-}=(1-\beta_i)K_{s(i-1)}^{-} \tag{5.14}$$

结构硬化阶段刚度退化的示意图如图 5.2 所示。其中，推向加载完成第一个半周期循环后达到点 3 位置，计算退化系数 β_i，则根据式(5.12) 与式(5.14)，拉向加载时结构的屈服荷载由 P_y^- 降至 P_{y1}^-，硬化刚度由 K_y^- 降至 K_{y1}^-。继续加载至点 7 时，再次计算退化系数 β_i，则结构在推向加载时，根据式(5.11) 与式(5.13) 可知，屈服荷载由 P_y^+ 降至 P_{y1}^+，硬化刚度由 K_s^+ 降至 K_{s1}^+。

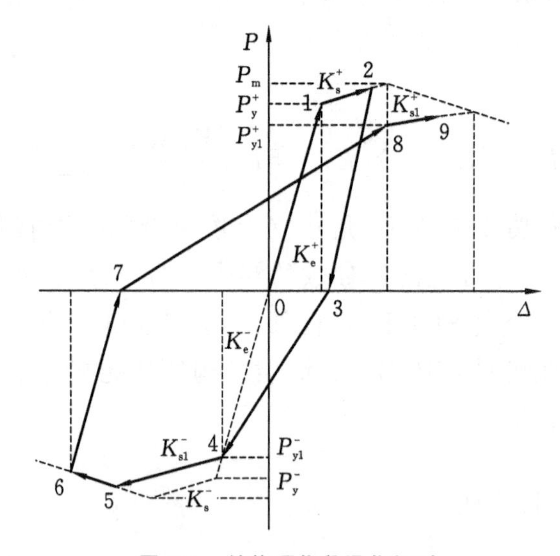

图 5.2　结构硬化段退化规则

(2) 软化段规则

类似于硬化段规则，软化段规则也包含两个方面：① 峰值荷载的退化；② 软化刚度的退化。仍运用结构的循环退化系数 β_i，在反复荷载作用下结构峰值荷载的退化规律可表示为：

$$P_{mi}^{+}=(1-\beta_i)P_{m(i-1)}^{+} \tag{5.15}$$

$$P_{mi}^{-}=(1-\beta_i)P_{m(i-1)}^{-} \tag{5.16}$$

式中　$P_{m(i-1)}^{+}, P_{mi}^{+}$—— 结构在推向加载时第 i 次加载循环前后结构的峰值荷载；

$P_{m(i-1)}^{-}, P_{mi}^{-}$—— 结构在拉向加载时第 i 次加载循环前后结构的峰值荷载。

结构软化段刚度的退化规则为：

$$K_{ni}^{+}=(1-\beta_i)K_{n(i-1)}^{+} \tag{5.17}$$

$$K_{ni}^{-}=(1-\beta_i)K_{n(i-1)}^{-} \tag{5.18}$$

结构软化段刚度退化的示意图，如图5.3所示。其中，推向加载完成第一个半周期循环后达到点3位置，计算退化系数β_i，则根据式(5.16)与式(5.18)，拉向加载时结构的峰值荷载由P_m^-降至P_{m1}^-，软化刚度由K_n^-降至K_{n1}^-。继续加载至点7时，再次计算退化系数β_i，根据式(5.15)与式(5.17)可知，推向加载时结构的峰值荷载由P_m^+降至P_{m1}^+，软化刚度由K_n^+降至K_{n1}^+。

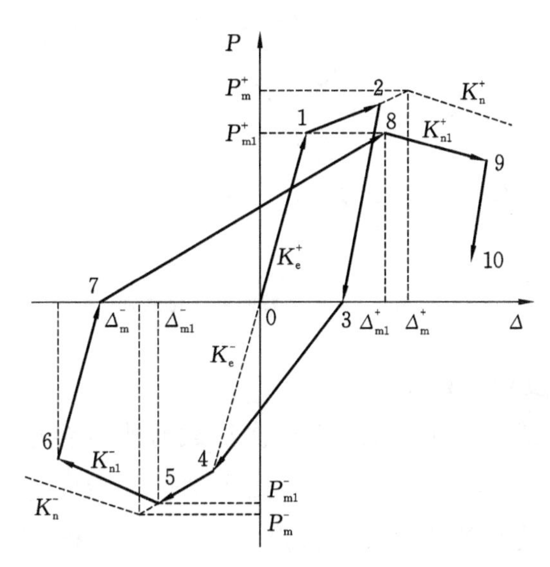

图5.3　结构软化段退化规则

(3) 卸载刚度退化规则

水平荷载未达到峰值前，结构的卸载刚度与初始刚度相同，待达到峰值后，即结构进入负刚度变形阶段后，其卸载刚度才逐步退化。在负刚度的塑性变形阶段，其卸载刚度退化规则为：

$$K_{ui}=(1-2\beta_i)K_{u(i-1)} \tag{5.19}$$

式中　$K_{u(i-1)}$，K_{ui}——第i次加载循环前后结构的卸载刚度。

注意，与软化段退化规则和硬化段退化规则不同，公式(5.19)中未标识上标中的“+”或“−”号。由此表明，结构处于非弹性状态下，在每次反复循环推、拉的过程中，其卸载刚度相同。

结构卸载刚度退化示意图如图5.4所示。其中，推向加载完成第一个半周期循环后达到点3位置，结构此时处于弹塑性阶段，其卸载刚度为K_e；继续加载至点 6 时，结构进入非弹性阶段；计算退化系数 β_i，并依据式(5.19)，在卸载时，结构的卸载刚度变小，由 K_e 降至 K_{u1}。

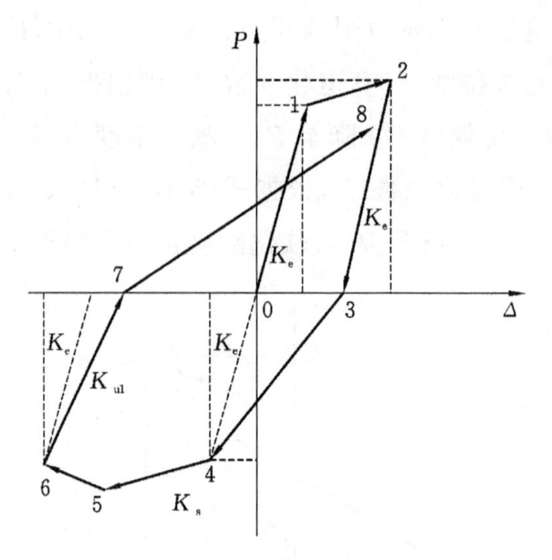

图 5.4　结构卸载刚度退化规则

(4) 再加载刚度退化规则

传统的恢复力滞回模型中，结构再次加载时刚度会进一步退化这一状况通常未被考虑，这样结构再次加载时滞回规则往往指向各加载循环中的位移极值点或前一次加载循环的位移极值点。本章运用退化系数 β_i，通过设定一个目标位移来描述结构再加载时刚度的进一步退化，即不同于传统恢复力模型，结构再加载时滞回规则指向该目标位移，而非加载循环中的位移极值点，该目标位移数学表达式为：

$$\Delta_{ti}^{+/-} = (1 + 0.5\beta_i)\Delta_{t(i-1)}^{+/-} \tag{5.20}$$

式中　$\Delta_{ti}^{+/-}$—— 对结构推、拉两种加载时第 i 次加载循环时目标位移值；

$\Delta_{t(i-1)}^{+/-}$—— 对结构推、拉两种加载时第($i-1$)次加载循环时结构的目标位移值。

结构再加载刚度退化的示意图如图 5.5 所示。其中，推向加载完成第一个半周期循环后达到点 3 位置，计算退化系数 β_i，再根据式(5.20)计算，负向(拉向)加载时指向目标位移点 5，再次正向(推向)加载时则指向目标位移点 7，线段 6-5 与 6-7 斜率的变小正反映出本次加载循环中结构再加载刚度退化的幅度。

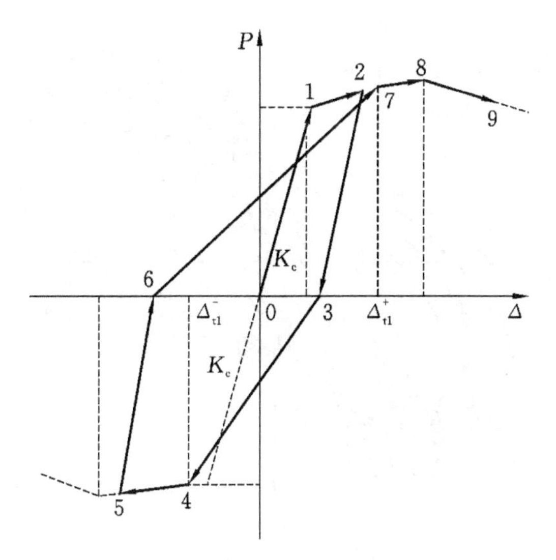

图 5.5 结构再加载刚度退化规则

5.3 恢复力模型的验证

根据本章提出的恢复力模型，作者利用 MATLAB 编写了相应的恢复力模型程序，将模拟的滞回环与第 3 章的试验结果进行对比，对比结果如图 5.6 所示。结果表明：两者吻合程度较好，验证了该模型对 SRUHSC 框架结构的正确性。

同时，通过检验结构耗能参数是否与试验吻合也是衡量恢复力模型优劣的一个标准。工程中常用以下三个指标来衡量：①等效黏滞阻尼系数 h_{eq}；②功比指数 I_w；③耗能比 ζ。其中，h_{eq} 和 I_w 的计算公式可分别参见式(3.3)与式(5.8)，而耗能比 ζ 参见图 3.10，其计算公式为：

$$\zeta=\frac{S_{\overset{\frown}{ABCDA}}}{S_{\overset{\frown}{ABCDA}}+S_{\overset{\frown}{BCE}}+S_{\overset{\frown}{ADF}}} \tag{5.21}$$

式中 $S_{\overset{\frown}{ABCDA}}$——曲线 AB、BC、CD、DA 所围的面积，其物理含义为正反向一次完整加、卸载循环中结构所吸收的能量；

$S_{\overset{\frown}{BCE}}$——曲线 BC、直线 BE 与坐标横轴所围的面积，其物理含义为正向卸载过程中结构耗散的能量；

$S_{\overset{\frown}{ADF}}$——曲线 AD、直线 DF 与坐标横轴所围的面积，其物理含义为反向卸载过程中结构耗散的能量。

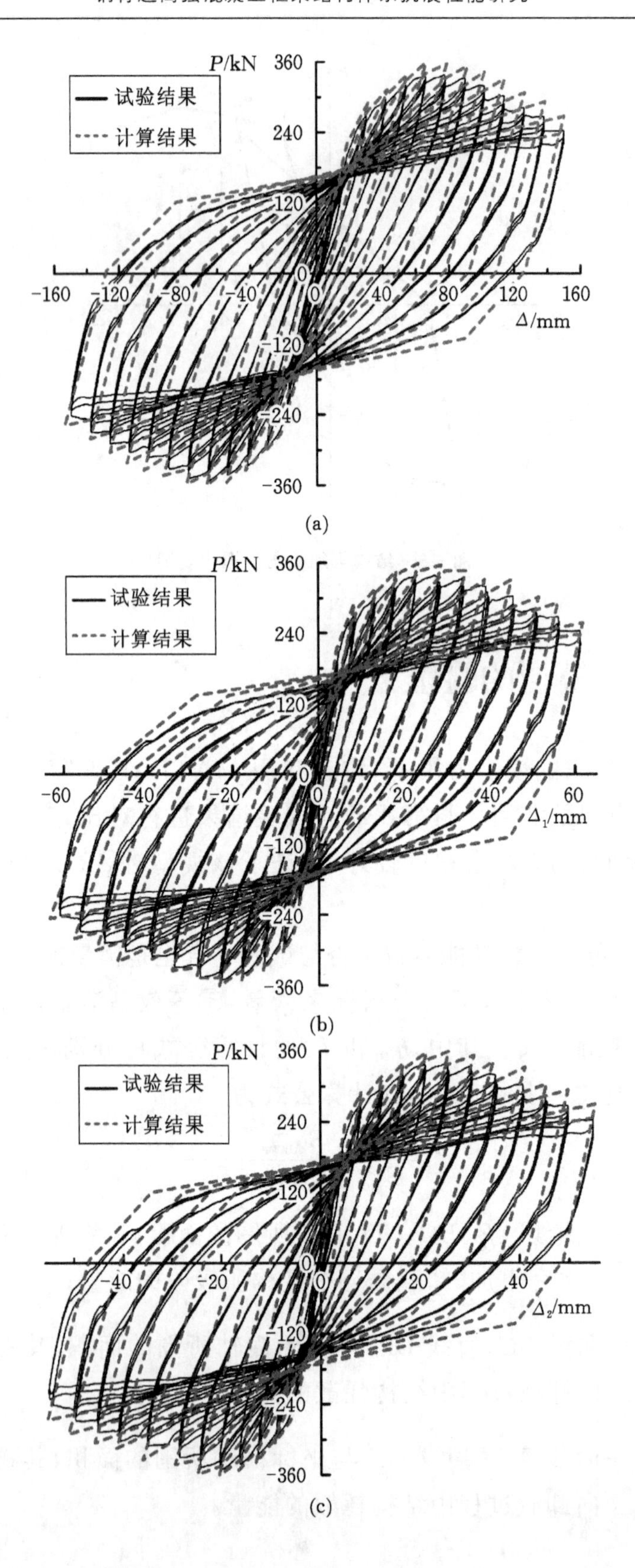
P/kN
试验结果
计算结果
360
240
120
0
-120
-240
-360
-160
-120
-80
-40
0
40
80
120
160
Δ/mm
(a)
P/kN
试验结果
计算结果
360
240
120
0
-120
-240
-360
-60
-40
-20
0
20
40
60
Δ1/mm
(b)
P/kN
试验结果
计算结果
360
240
120
0
-120
-240
-360
-40
-20
0
20
40
Δ2/mm
(c)

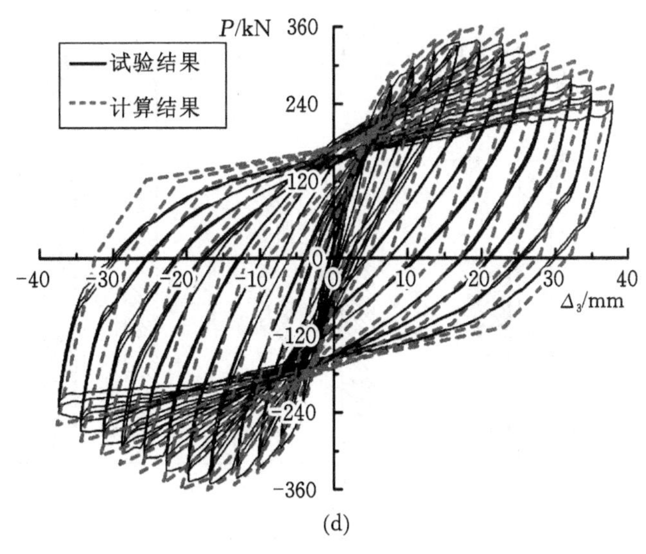

(d)

图 5.6 滞回曲线计算值与试验值的对比

(a) 框架试件-顶点;(b) 框架试件-1 层;

(c) 框架试件-2 层;(d) 框架试件-3 层

图 5.7 给出了 SRUHSC 框架结构各抗震耗能参数试验值与模拟值的对比。结果表明,各参数两两之间的比值均接近于 1,吻合度较好,最大偏差是功比指数 I_w 在破坏荷载点时产生,仅为 9.20%,这也进一步验证该模型对 SRUHSC 框架结构抗震弹塑性分析的有效性。

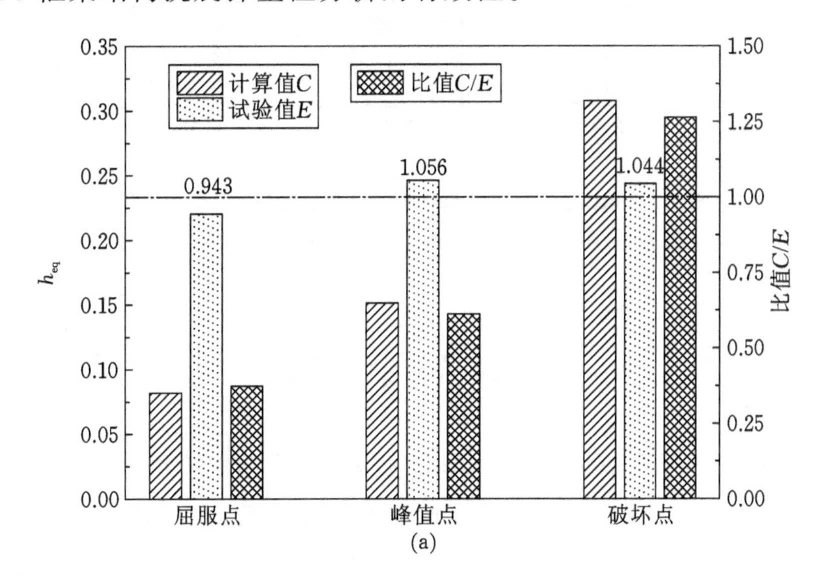

(a)

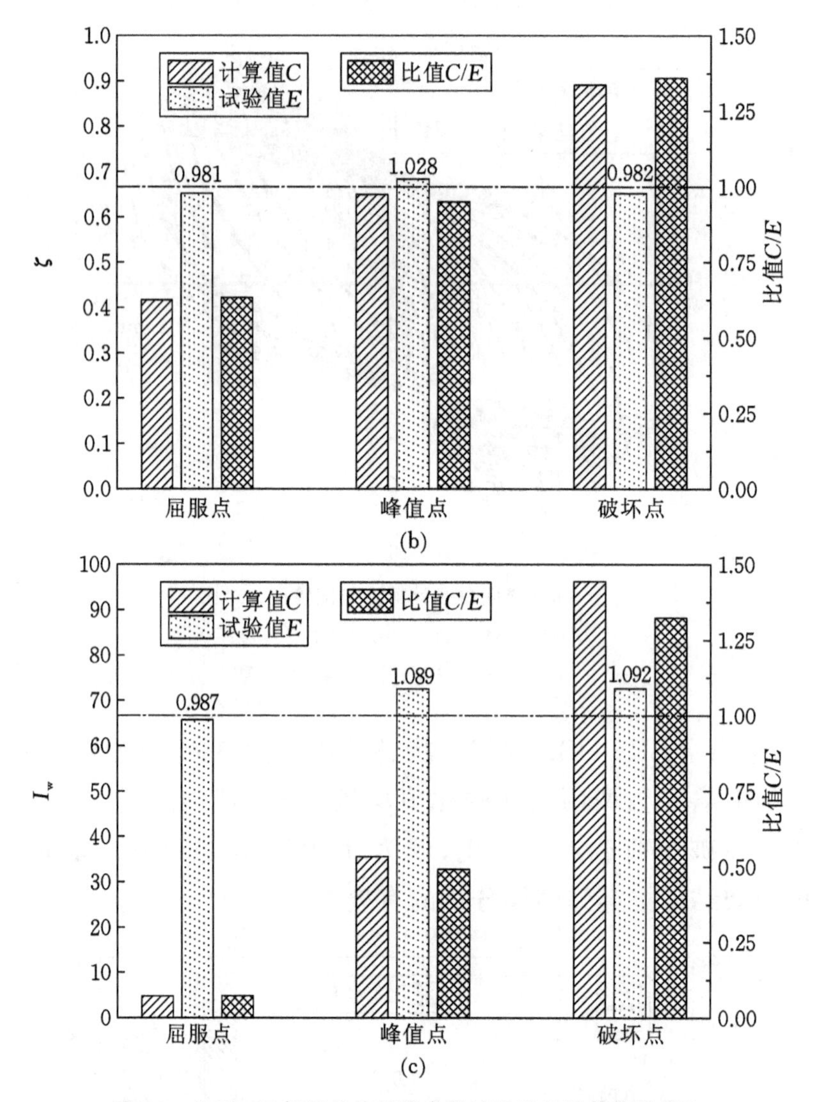

图 5.7　SRUHSC 框架结构耗能参数试验值与计算值的对比

(a) h_{eq}的试验值与计算值；(b) ζ 的试验值与计算值；(c) I_w的试验值与计算值

本章小结

基于 SRUHSC 框架结构在反复荷载作用下的试验结果，充分考虑结构力学性能循环退化效应与结构耗能能力之间的关系，利用循环退化系数建立了适用于 SRUHSC 框架结构的三折线骨架曲线模型和恢复力模型，并利用 MATLAB 软件编写程序，得到如下主要结论：

(1) 建立考虑加载循环退化效应的恢复力模型，通过对比 P-Δ 滞回曲线以及等效黏滞阻尼系数 h_{eq}、功比指数 I_w、耗能比 ζ 三个抗震耗能指标参数的模拟值和试验值，二者吻合的程度均较好，验证了该恢复力模型的正确性和有效性，可为 SRUHSC 框架结构弹塑性分析提供一定的理论依据。

（2）本章建议的模型，能较好地反映 SRUHSC 框架结构在低周反复荷载作用下的主要受力过程及其受力特征，可较为准确地描述 SRUHSC 框架结构加载刚度、卸载刚度、再加载刚度、硬化刚度以及下降段的负刚度，同时在加载循环过程中结构的骨架曲线出现了加、卸载刚度退化现象，滞回曲线的残余变形较为明显，且结构屈服荷载和峰值荷载的退化效应也有较好的反映，可为 SRUHSC 框架结构抗震性能研究提供一定的理论参考。

6 钢骨超高强混凝土框架弹塑性有限元分析

在低周反复荷载作用下，SRUHSC 框架结构的受力状况复杂，影响因素较多，如混凝土强度、配箍率、轴压比、梁柱线刚度比、钢骨形式以及含钢率等。若仅通过试验手段来研究，其耗费之大，难以承受，只能有针对性地选取部分影响因素作为研究对象，无法做到全面覆盖。有限元软件在结构弹塑性分析中已发挥举足轻重的作用。通过合理的有限元数值模拟，将其与真实试验中所采集的良好数据对比，修正模型，为深入开展后续研究打下坚实基础。同时，在建立良好模型的基础上，通过修改其他参数，无须试验，即可探讨其他因素对结构受力性能的影响，并且，准确的数值分析还可指导后期结构的设计和施工，大大提高了工作效率。

目前，ABAQUS 是功能最强的有限元模拟软件之一，可以模拟庞大而复杂的模型，处理高度非线性的问题。ABAQUS/Standard 和 ABAQUS/Explicit 是它的两个主要分析模块，而 ABAQUS/CAE 是它的人机交互前后处理模块。通常，ABAQUS/Explicit 模块多处理特殊问题，尤其是模拟短暂、瞬时的动态问题以及高度非线性的准静态问题等。本章所采用的是 ABAQUS/Standard 的一个通用分析模块，因其具有很强的数值分析和广泛的线性、非线性求解能力，已在土木工程领域，尤其是钢筋混凝土结构非线性分析方面得到了广泛应用[134]。

本章基于本书第 3 章中在低周反复荷载作用下按 1/4 缩尺制作的两跨三层 SRUHSC 框架模型的试验结果，利用 ABAQUS 有限元软件，对结构进行非线性有限元分析，将数值模拟的计算结果与试验结果进行对比，验证了所建模型的正确性和有效性；同时，为深入研究 SRUHSC 框架的受力性能，对结构开展了参数分析，分别取轴压比、混凝土强度、框架柱的体积配箍率、框架柱的含钢率、框架柱中钢骨的屈服强度以及框架梁柱线刚度比 6 个参数，对其逐一进行有限元分析，以此研究各个参数对 SRUHSC 框架结构受力性能的影响，也为 SRUHSC 框架结构合理的设计方法提供了技术参考。

6.1　材料的本构关系

6.1.1　混凝土材料的本构关系

混凝土单轴受压应力-应变关系是其最基本的本构关系，也是多轴本构模型的基础[135]。在混凝土结构非线性有限元分析中，本构关系是必不可少的物理方程，其本构模型的优劣直接关系有限元计算结果的收敛性与准确性。目前应用较广的混凝土应力-应变本构模型有 Kent 模型[58]、张秀琴模型[136]、Sheikh 模型[61]、Park 模型[59]、Mander 模型[137]、Yalcin 模型[138]等。研究表明，上述各个混凝土本构模型中，以 Mander 模型的适用性最佳[135]。

本章有限元分析的对象为 SRUHSC 框架结构，即钢骨超高强混凝土柱-钢骨普通混凝土梁组合框架，该结构在其梁、柱中通过外置箍筋、内置钢骨，由表及里地逐级加强对混凝土的约束作用。这种结构因混凝土在构件中所处位置不同而受到的约束程度也不同。故而，通常需将其划分为三个部分：箍筋以外的混凝土为无约束混凝土；钢骨以外、箍筋以内为中等约束混凝土；既被箍筋约束，也被钢骨包裹的混凝土为高等约束混凝土。钢骨混凝土构件截面混凝土约束区划分如图 6.1 所示。下面便以 Mander 模型为基础，对三种不同约束程度的混凝土应力-应变本构关系加以论述。

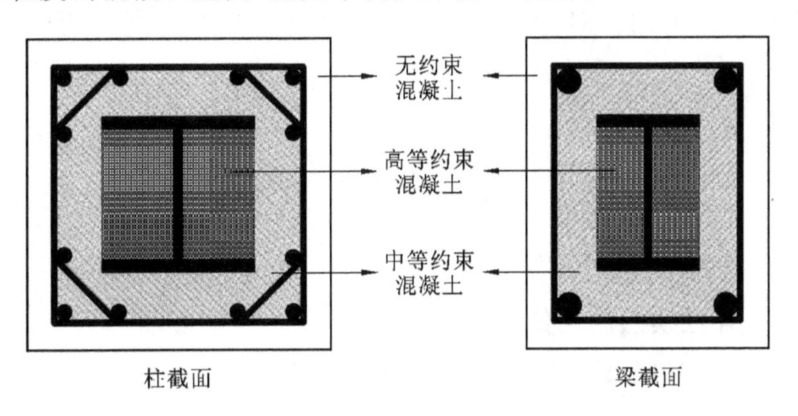

图 6.1　混凝土约束区简化示意图

6.1.1.1　约束混凝土的本构模型

混凝土单轴应力-应变关系是对混凝土柱受力性能进行理论分析研究和数值模拟研究的基础，可分为无约束混凝土本构模型和受约束混凝土本构模型。其中受约束混凝土是指受到箍筋、型钢或钢管等约束的混凝土。本书对无约束的超高强混凝土强度取其试验的轴心抗压强度为 105 MPa，而对有约束的超高强混凝土则采用以 Mander 模型为基础的混凝土单轴应力-应变关系为其本构模型。

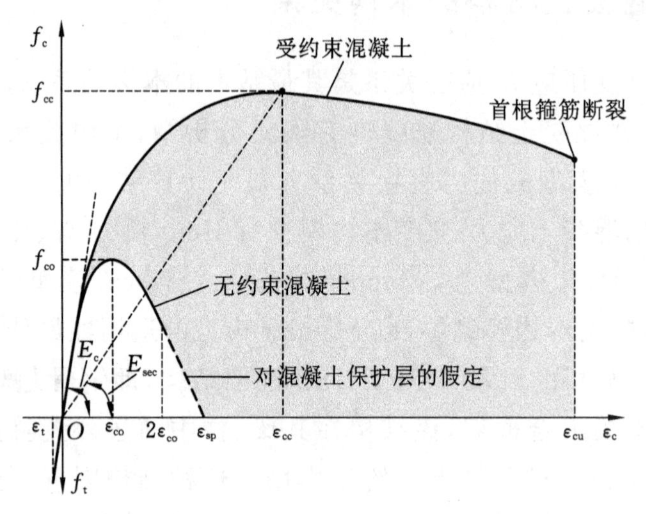

图 6.2　在单调荷载作用下约束与未约束混凝土本构关系

ε_t—混凝土纵向拉应变；ε_{sp}—混凝土徐应变

对于受圆形及方形箍筋约束的混凝土，1984 年 Mander 等[137]就提出了一种经典应力-应变本构关系(图 6.2)，该本构关系是基于 1973 年 Popovics[139]提出的假设方程提出的。对于拟静力或单调加载，约束混凝土的应力-应变关系为：

上升段

$$f_c = \frac{f_{cc} x r}{r - 1 + x^r} \tag{6.1}$$

式中　x——应变的比值；

r——弹性模量的比值；

f_{cc}——约束混凝土的轴心抗压强度。

$$x = \frac{\varepsilon_c}{\varepsilon_{cc}} \tag{6.2}$$

式中　ε_c——混凝土纵向压应变；

ε_{cc}——约束混凝土的峰值应力对应的应变。

对于 ε_{cc}，Richart 等[140]在 1928 年提出的表达式为：

$$\varepsilon_{cc}=\varepsilon_{co}\left[1+5\left(\frac{f_{cc}}{f_{co}}-1\right)\right] \tag{6.3}$$

式中 f_{co}——无约束混凝土的轴心抗压强度；

ε_{co}——无约束混凝土峰值应力 f_{co}对应的应变，即峰值压应变，普通强度混凝土的 ε_{co}一般取 0.002。

$$r=\frac{E_c}{E_c-E_{sec}} \tag{6.4}$$

$$E_{sec}=\frac{f_{cc}}{\varepsilon_{co}} \tag{6.5}$$

式中 E_c——混凝土初始切线模量；

E_{sec}——混凝土割线模量(图 6.2)。

El-Tawil 和 Deierlein[66]指出当混凝土强度较高时，尤其是对于超高强混凝土，式(6.3)高估了混凝土的峰值压应变；通过试验研究和误差分析得出，当混凝土强度高于 55 MPa(尤其对于本书研究的超高强混凝土，其抗压强度超过 100 MPa)时，宜采用下式计算受约束混凝土峰值压应变 ε_{cc}：

$$\varepsilon_{cc}=\varepsilon_{co}\left[1+5\left(\frac{55}{f_{co}}\right)\left(\frac{f_{cc}}{f_{co}}-1\right)\right] \tag{6.6}$$

下降段[141]

$$f_c=\frac{f_{cc}xr}{r-1+x^{d'r}} \tag{6.7}$$

$$d'=1.0+(d-1)\sqrt{\frac{f_{cc}-f_c}{f_{cc}}} \tag{6.8}$$

残余段[142]

$$f_c=0.3f_{cc} \tag{6.9}$$

对于受约束混凝土轴心抗压强度 f_{cc}，其表达式为：

$$f_{cc}=f_{co}\left(-1.254+2.254\sqrt{1+\frac{7.94f'_l}{f_{co}}}-2\frac{f'_l}{f_{co}}\right) \tag{6.10}$$

式中 f_{cc}，f_{co}——有、无约束的混凝土抗压强度；

f'_l——有效侧向约束应力。

式(6.10)中的有效侧向约束应力 f'_l通常与箍筋的配置形式、箍筋间距以及混凝土的有效约束面积有关，其数学定义为：

$$f'_l=f_lk_e \tag{6.11}$$

$$k_e=\frac{A_e}{A_{cc}} \tag{6.12}$$

式中 f_l——箍筋的侧向约束应力(假设其均布于混凝土核心区的表面);

k_e——有效约束系数;

A_e——混凝土有效约束面积;

A_{cc}——箍筋中轴线包围的混凝土有效约束面积,其数学表达式为:

$$A_{cc}=A_c(1-\rho_{cc}) \tag{6.13}$$

式中 ρ_{cc}——纵筋在截面核心区的配筋率,即纵筋面积与截面核心区面积的比值;

A_c——混凝土构件截面核心区的面积。

下面分别阐述如何得到中等约束区和高等约束区混凝土的有效侧向约束应力 f_l'。

(1) 中等约束区混凝土的有效侧向约束应力 f_l'

对于钢筋混凝土构件,通常箍筋的约束只作用于核心区的混凝土。在利用Mander模型推导矩形箍筋的约束应力时,假定在混凝土截面相邻纵筋间均存在抛物线式的拱形效应,且各个抛物线均为二阶,其初始切线角为45°[137]。此时,混凝土的有效约束面积应为核心区混凝土的面积减去各个纵筋间轴心连线与假设的二阶抛物线所围的拱形面积之和。由于混凝土构件上的箍筋为间断分布,因此,二阶抛物线的拱形效应在纵向(即截面Y—Y上)存在于两相邻箍筋间,在横向(即截面Z—Z上)存在于两相邻纵筋间,如图6.3所示。

混凝土有效约束面积 A_e 为:

$$A_e=\left(b_cd_c-\sum_{i=1}^{n}A_i\right)\left(1-\frac{s'}{2b_c}\right)\left(1-\frac{s'}{2d_c}\right) \tag{6.14}$$

式中 s'——箍筋纵向(即截面Y—Y上)净距;

b_c——混凝土核心区 x 向尺寸;

d_c——混凝土核心区 y 向尺寸;

A_i——第 i 个纵筋间轴心连线与二阶抛物线所围的面积,经积分得:

$$A_i=\frac{(w'_i)^2}{6} \tag{6.15}$$

式中 w'_i——第 i 对纵筋间轴心连线的距离。

进而推导可得,有效约束系数 k_e 为:

$$k_e=\frac{A_e}{A_{cc}}=\frac{\left(1-\sum_{i=1}^{n}\frac{(w'_i)^2}{6b_cd_c}\right)\left(1-\frac{s'}{2b_c}\right)\left(1-\frac{s'}{2d_c}\right)}{(1-\rho_{cc})} \tag{6.16}$$

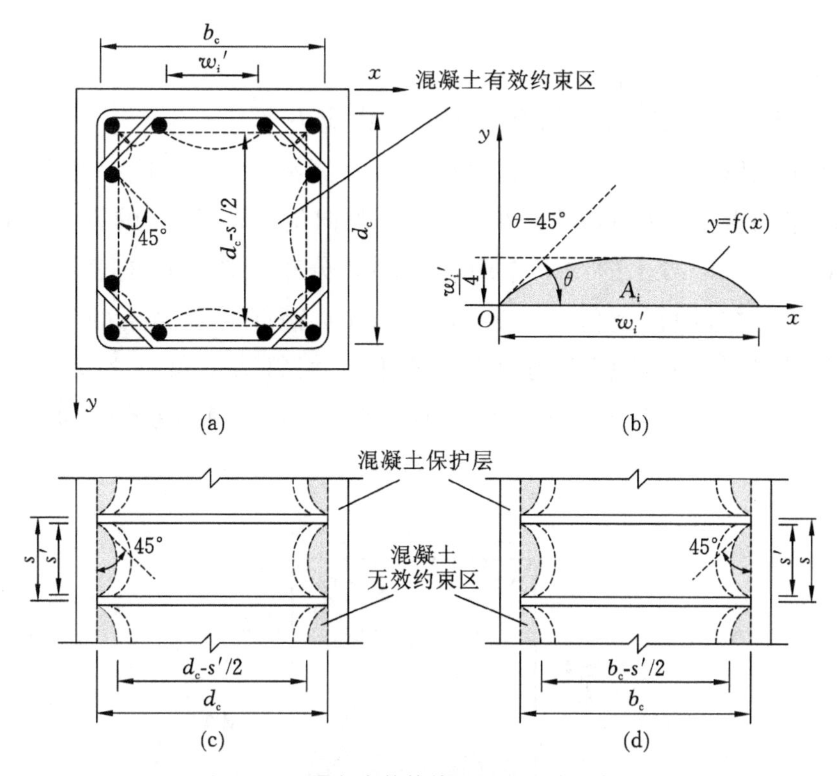

图 6.3 配置复合箍筋的混凝土有效约束区

(a)Z—Z 截面;(b)二阶抛物线形的拱形效应示意图;(c)X—X 截面;(d)Y—Y 截面

钢骨混凝土构件截面在 x、y 两方向上箍筋体积配箍率 ρ_x、ρ_y 分别为:

$$\rho_x = \frac{A_{sx}}{sd_c} \tag{6.17}$$

$$\rho_y = \frac{A_{sy}}{sb_c} \tag{6.18}$$

式中 A_{sx},A_{sy}——x、y 两方向上箍筋的总面积;

s—— 配置箍筋的间距。

x、y 两方向上的箍筋侧向约束应力 f_{lx}、f_{ly} 分别为:

$$f_{lx} = \frac{A_{sx}}{sd_c} f_{yh} = \rho_x f_{yh} \tag{6.19}$$

$$f_{ly} = \frac{A_{sy}}{sb_c} f_{yh} = \rho_y f_{yh} \tag{6.20}$$

则,x、y 两方向上的箍筋有效侧向约束应力 f'_{lx}、f'_{ly}分别为:

$$f'_{lx} = k_e \rho_x f_{yh} \tag{6.21}$$

$$f'_{ly} = k_e \rho_y f_{yh} \tag{6.22}$$

式中 k_e—— 有效约束系数；

f_{yh}—— 箍筋的屈服应力。

(2) 高等约束区混凝土的有效侧向约束应力 f_l'

类似于钢管混凝土结构中钢管对其核心区混凝土的约束，可进行型钢钢骨对其内包的混凝土(即高等约束区)有效侧向约束应力 f_l' 的推导。比如，方形钢管对核心区混凝土的约束作用并非均匀分布于核心区的表面，而是集中在钢管边角部位，同样类似于 Mander 模型中，箍筋对混凝土的约束假设，这里方钢管对混凝土的约束作用也假设简化成相邻两个角点之间为二阶抛物线型的拱形效应，其初始切线角仍为 45°，钢管对核心区混凝土约束如图 6.4 所示。

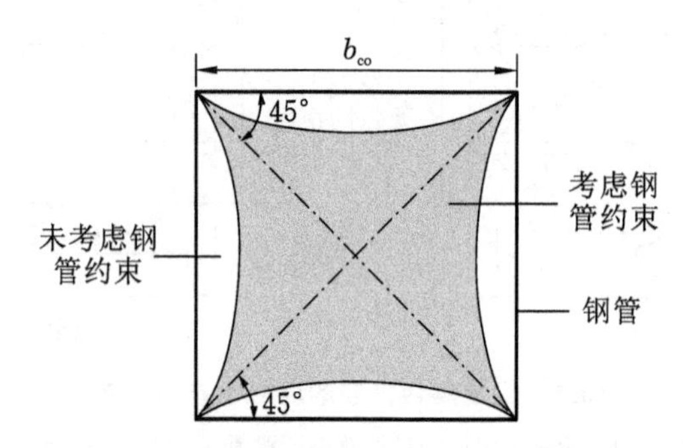

图 6.4 钢管对核心区混凝土约束示意图

然而，钢骨混凝土结构中，内置的钢骨对核心区混凝土的约束作用不同于一般的矩形钢管混凝土，具体表现为：

① 外包的混凝土可较好地防止型钢钢板局部的屈曲和撕裂；

② 钢骨被复合箍筋和中等约束区混凝土约束，这也间接加强了钢骨对其核心区混凝土的约束；

③ 相较于闭合形的钢管，开口形的钢骨对其核心区的混凝土减弱了约束，因此，该区域的混凝土受其箍筋和周边钢板复合约束作用。

方形钢管约束混凝土的本构关系可运用 Mander 模型的分析方法[137]计算。

类似于式(6.15)，方形钢管混凝土中，钢管壁一侧拱形面积 A_{ih} 为：

$$A_{ih}=\frac{b_{co}^2}{6} \tag{6.23}$$

式中 b_{co}——方形钢管内包混凝土的边长。

钢管包裹核心混凝土的面积 A_{cch} 为：

$$A_{\mathrm{cch}}=b_{\mathrm{co}}^{2} \tag{6.24}$$

由式(6.23)与式(6.24)可得,钢管包裹核心混凝土的有效约束面积A_{eh}为:

$$A_{\mathrm{eh}}=A_{\mathrm{cch}}-\sum_{i=1}^{n}A_{i\mathrm{h}}=b_{\mathrm{co}}^{2}-4\cdot\frac{b_{\mathrm{co}}^{2}}{6}=\frac{b_{\mathrm{co}}^{2}}{3} \tag{6.25}$$

则由式(6.11)、式(6.24)以及式(6.25)可得,钢管混凝土的有效约束系数k_{eh}为:

$$k_{\mathrm{eh}}=\frac{A_{\mathrm{eh}}}{A_{\mathrm{cch}}}=\frac{1}{3} \tag{6.26}$$

假设钢管壁对混凝土的约束为均匀分布,根据力的平衡条件有:

$$f_{l\mathrm{h}}b_{\mathrm{co}}=f_{\mathrm{y}}t_{\mathrm{b}}$$

则有

$$f_{l\mathrm{h}}=\frac{f_{\mathrm{y}}t_{\mathrm{b}}}{b_{\mathrm{co}}} \tag{6.27}$$

式中 $f_{l\mathrm{h}}$——钢管对混凝土的侧向约束应力;

f_{y}——钢管的屈服应力;

t_{b}——钢管混凝土两侧钢管壁的厚度之和。

因此,高等约束混凝土的有效侧向约束应力$f'_{l\mathrm{h}}$为:

$$f'_{l\mathrm{h}}=f_{l\mathrm{h}}k_{\mathrm{eh}}=\frac{f_{\mathrm{y}}t_{\mathrm{b}}}{3b_{\mathrm{co}}}=\frac{f_{\mathrm{y}}}{3b_{\mathrm{co}}}(t_{\mathrm{w}}+t_{\mathrm{f}}) \tag{6.28}$$

式中 $f_{l\mathrm{h}}$——钢管对混凝土的侧向约束应力;

f_{y}——钢骨的屈服应力;

t_{w}——钢骨腹板的厚度;

t_{f}——钢骨翼缘的厚度;

b_{co}——型钢内包混凝土的边长。

综上所述,钢骨混凝土结构三种不同约束程度(高等约束、中等约束以及无约束)的混凝土受压应力-应变本构关系如图6.5所示。

6.1.1.2 混凝土材料需要输入的参数

本章有限元非线性分析的对象为新型的SRUHSC框架结构,即钢骨超高强混凝土柱-钢骨普通混凝土梁组合框架,因此在有限元建模时,梁、柱的混凝土需采用不同的应力-应变本构模型。受约束的普通强度混凝土按式(6.1)至式(6.5)及式(6.7)至式(6.9)计算,而受约束的超高强混凝土,除峰值压应变

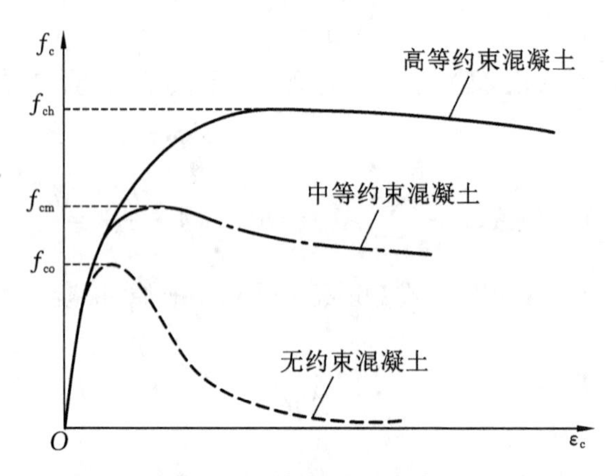

图 6.5 混凝土受压应力-应变本构关系示意图

f_{co}—无约束混凝土的轴心抗压强度；f_{cm}—中等约束混凝土的轴心抗压强度；f_{ch}—高等约束混凝土的轴心抗压强度

ε_{cc}按式(6.6)计算外，其余各计算表达式同受约束的普通强度混凝土；至于构件截面上中等及高等约束的混凝土本构关系，普通强度与超高强度混凝土所用表达式相同，均按式(6.10)至式(6.28)分别计算。普通强度混凝土受拉本构模型和无约束混凝土受拉本构模型均采用 GB 50010—2010 附录 C.2 中建议的基本表达式与参数得到；而超强度混凝土受拉本构模型和无约束混凝土受拉本构模型则采用文献[35]中的研究参数。

6.1.2 钢筋和钢骨的本构关系

6.1.2.1 钢筋的本构关系

钢筋的应力-应变曲线采用 GB 50010—2010 附录 C 中给出的有屈服点钢筋单调加载应力-应变曲线，如图 6.6 所示。其本构关系可表示为：

$$\sigma_s=\begin{cases}E_s\varepsilon_s & (\varepsilon_s\leqslant\varepsilon_y)\\ f_y & (\varepsilon_y<\varepsilon_s\leqslant\varepsilon_{uy})\\ f_y+E_s'(\varepsilon_s-\varepsilon_{uy}) & (\varepsilon_{uy}<\varepsilon_s\leqslant\varepsilon_u)\\ 0 & (\varepsilon_s>\varepsilon_u)\end{cases}\tag{6.29}$$

式中 σ_s,ε_s——钢筋的应力与应变；

E_s——钢筋的弹性模量；

E_s'——钢筋的强化弹性模量，通常取为 $0.0085E_s$；

f_y——钢筋的屈服强度；

$\varepsilon_y,\varepsilon_{uy}$——钢筋的屈服应变和硬化起点应变；

ε_u——钢筋的峰值应变。

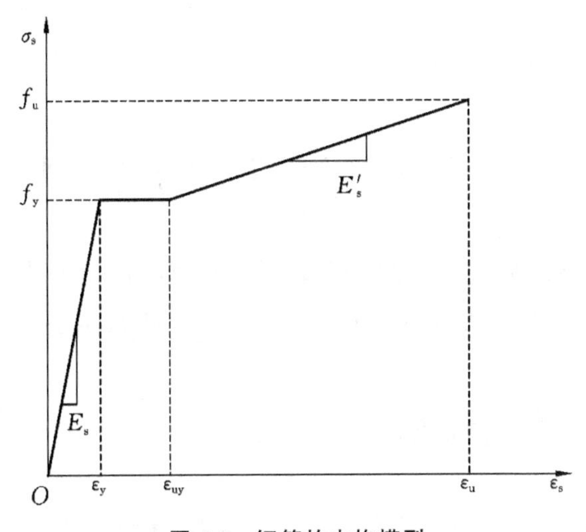

图 6.6 钢筋的本构模型

试验中各型号钢筋的性能参数均取自其实测值，详见本书第 2.3.3 节。

6.1.2.2 钢骨的本构关系

在反复加载过程中，为使有限元模型能更好地反映材料的 Bauschinger 效应，钢骨的材料性能采用全周期输入的等向强化法则与非线性随动强化法则的组合强化模型。其等向强化模型选用多折线等向强化模型，单轴的应力-应变关系采用多折线型，能够反映 Bauschinger 效应，适合于循环加载的情况，其单轴应力-应变关系如图 6.7 所示。钢骨模型采用 Von Mises 塑性屈服准则。

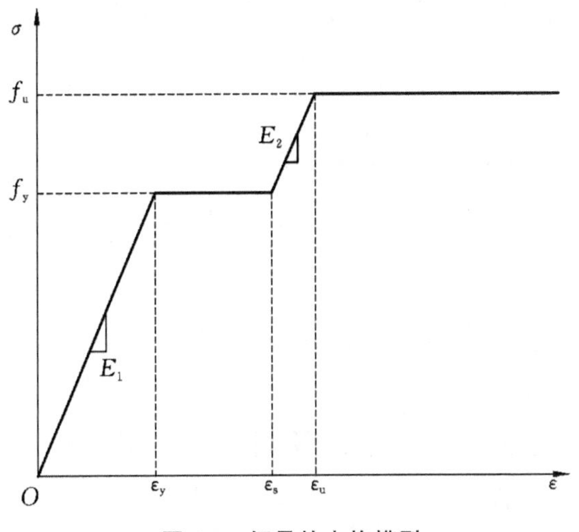

图 6.7 钢骨的本构模型

Von Mises 屈服准则等效应力 σ_e 定义为：

$$\sigma_e=\sqrt{\frac{1}{2}[(\sigma_1-\sigma_2)^2+(\sigma_2-\sigma_3)^2+(\sigma_3-\sigma_1)^2]} \tag{6.30}$$

式中　$\sigma_1,\sigma_2,\sigma_3$——主应力。

当等效应力超过材料的屈服应力时发生屈服，屈服准则为：

$$|\sigma_e|>f_y \tag{6.31}$$

钢骨各材料参数：钢骨的弹性模量 E_s、型钢的屈服强度 f_y、型钢的极限强度 f_u、型钢的泊松比 ν 等均取自其实测值，详见本书第 2.3.3 节。

6.2　弹塑性有限元模型

本章通过 ABAQUS 中“创建部件”、“创建材料和截面属性”、“定义装配件”、“设置分析步”、“定义接触”、“定义边界条件及荷载”以及“划分网格”等模块建立了钢骨超高强混凝土框架结构有限元分析模型。

6.2.1　基本假定

由于钢骨超高强混凝土框架的实际受力比较复杂，计算求解过程也相应困难，因此，进行有限元分析前，须对所求解问题进行合理的简化，为此作以下假定：

(1) 假设超高强混凝土与钢骨、钢筋之间的锚固和黏结良好，不考虑它们之间的滑移，钢骨单元、钢筋单元和超高强混凝土单元之间的位移是相同的；

(2) 超高强混凝土材料按初期各向同性、开裂后各向异性考虑；

(3) 钢筋按各向同性考虑。

6.2.2　单元类型与网格划分

本框架试件是由钢骨、钢筋以及两强度不同的混凝土组成，故选用分离式有限元模型，这种模型把混凝土、钢骨、钢筋作为不同的单元来处理，即超高强混凝土、普通强度混凝土、钢骨及钢筋各自被划分为足够小的单元。钢筋是一种细长材料，可以忽略其横向抗剪作用，因此将其作为线单元来处理，而超高强混凝土、普通强度混凝土以及钢骨则采用不同的实体单元来分别处理。并且，框架中的钢骨是由梁、柱中的型钢互相焊接而成，型钢梁、柱与加劲肋间构成的钢框架对混凝土有很好的约束，二者间滑移很小。同时，超高强混凝土与型钢、钢筋之间具有较高的黏结强度，所以在建立模型时为保证计算的收敛性，忽略钢骨、钢筋与超高强混凝土之间的滑移作用。

下面分别阐述对框架混凝土、钢筋以及钢骨的单元选择：

① 混凝土单元：框架中混凝土均采用 C3D8R 单元。C3D8R 表示八节点六面体减缩积分三维实体单元，单元每一节点上有 6 个自由度，可以用于大变形、大应变和塑性分析。按节点位移插值的阶数，ABAQUS 单元分为三类，即线性单元、二次单元和修正二次单元。在网格划分方式相同的前提下，经计算对比，本章模拟中采用线性单元或二次单元所得结果相差很小，况且考虑到模型的计算效率，使用线性单元更有优势，因此本模型选用线性单元。混凝土单元的网格尺寸取为 50 mm。

② 钢骨单元：钢骨采用 S4R 单元。S4R 表示四节点减缩积分壳单元。为保证有限元的计算精度，沿壳的厚度方向定义 9 个辛普森积分点。采用结构优化网格技术，钢骨单元的网格尺寸也取为 50 mm。

③ 钢筋单元：框架模型中的钢筋（纵筋、箍筋）采用 T3D2 单元。T3D2 表示两节点三维线性桁架单元，该单元的每个节点有 3 个自由度，只能承受轴向拉力和压力，具有塑性变形能力，不考虑剪力与弯矩作用。钢筋单元的网格尺寸取为 200 mm。

6.2.3　定义边界条件与荷载施加方式

SRUHSC 框架有限元模拟采用与试验相同的边界条件和加载方式，具体内容如下：

① 定义边界条件

在框架基础与刚性地面设置为固定铰约束，限制 x、y、z 三个方向的位移及转动，确保加载过程中基础不会发生移动；在基础左右两侧面设置转动铰支座，限制 x、z 方向的位移。以此方式来模拟通过四个地脚螺栓设置在基础梁上的压梁以及基础梁端两侧的千斤顶，确保试验过程中框架结构的基础不会有任何滑动或者转动。

② 荷载施加方式

真实试验加载中，先在分配钢梁的铰支座上施加恒定轴向荷载 N，通过荷载传递，保证中柱柱顶所受轴向压力为 $2N$，边柱为 N，再在框架顶层梁端施加低周反复水平荷载 P，本框架模型的边界条件及荷载施加如图 6.8 所示。基于此，本章有限元模型需设置两个加载步：第一步在各柱端施加恒定的轴向荷载；第二步在框架顶层梁端施加水平荷载。为保证有限元计算结果的收敛性，水平荷载的加载模式采用位移控制，依据试验结果，其边界条件的最大值为 155 mm。

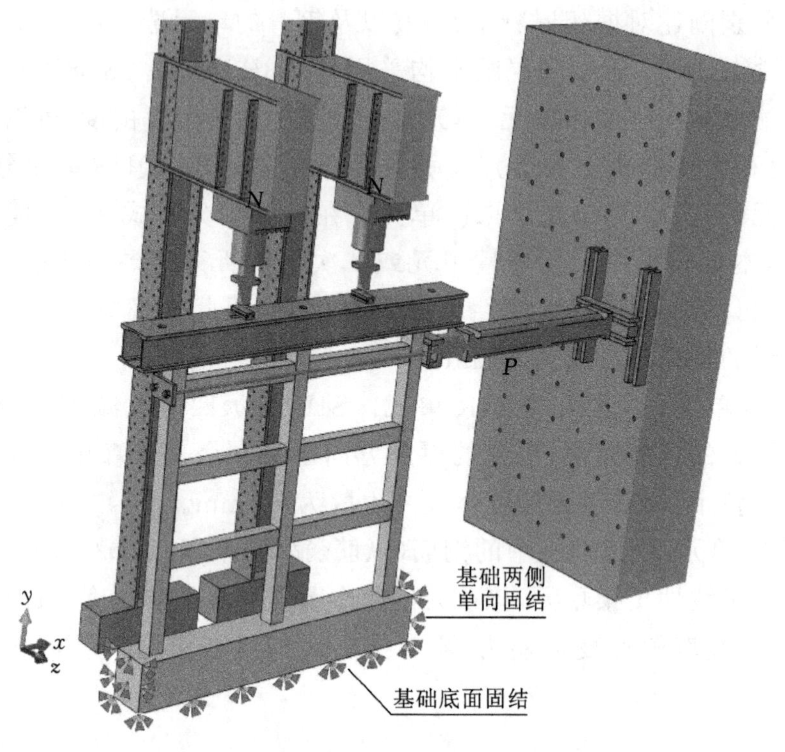

图 6.8　框架模型的边界条件及荷载施加

有限元建模时，若在柱端施加轴向的集中荷载，在顶层梁端施加水平的反复集中荷载，容易造成被作用的单元上产生过高的应力，造成局部应力集中，导致计算结果出现很大偏差。为避免这一现象，建模时须在各框架柱顶部和顶层梁端分别设置一个立方体垫块，尺寸为 200 mm×200 mm×200 mm，并对垫块施加刚体约束(Rigid Body)，以模拟试验中加载端的钢垫块，而垫块与柱顶、垫块与顶层梁端之间则都使用绑定约束(Tie)；之后在各垫块顶面中心位置前方 300 mm 处设置参考点，顶层梁端处的参考点与垫块表面施加耦合约束(Coupling)，以模拟试验过程中施加水平荷载作动器的球铰，然后在各参考点上依次施加轴向荷载和水平荷载。

6.2.4　定义相互作用

在反复荷载作用下，钢骨混凝土结构中钢骨与混凝土之间的黏结滑移现象会对结构受力产生一定影响，但依据相关有限元分析表明[27,143]，在钢骨超高强混凝土结构中，虽然考虑黏结滑移效应得到的结果更为精确，但若忽略，不但对计算结果的精度影响不大，仍能够满足工程要求，而且模型的计算效率反而更高，因此，本模型中钢骨与混凝土、钢筋与混凝土之间均采用嵌入(Embeded)的方式定义二者的接触关系。

依据上述方法，本章建立的 SRUHSC 框架结构的有限元模型如图 6.9 所示。

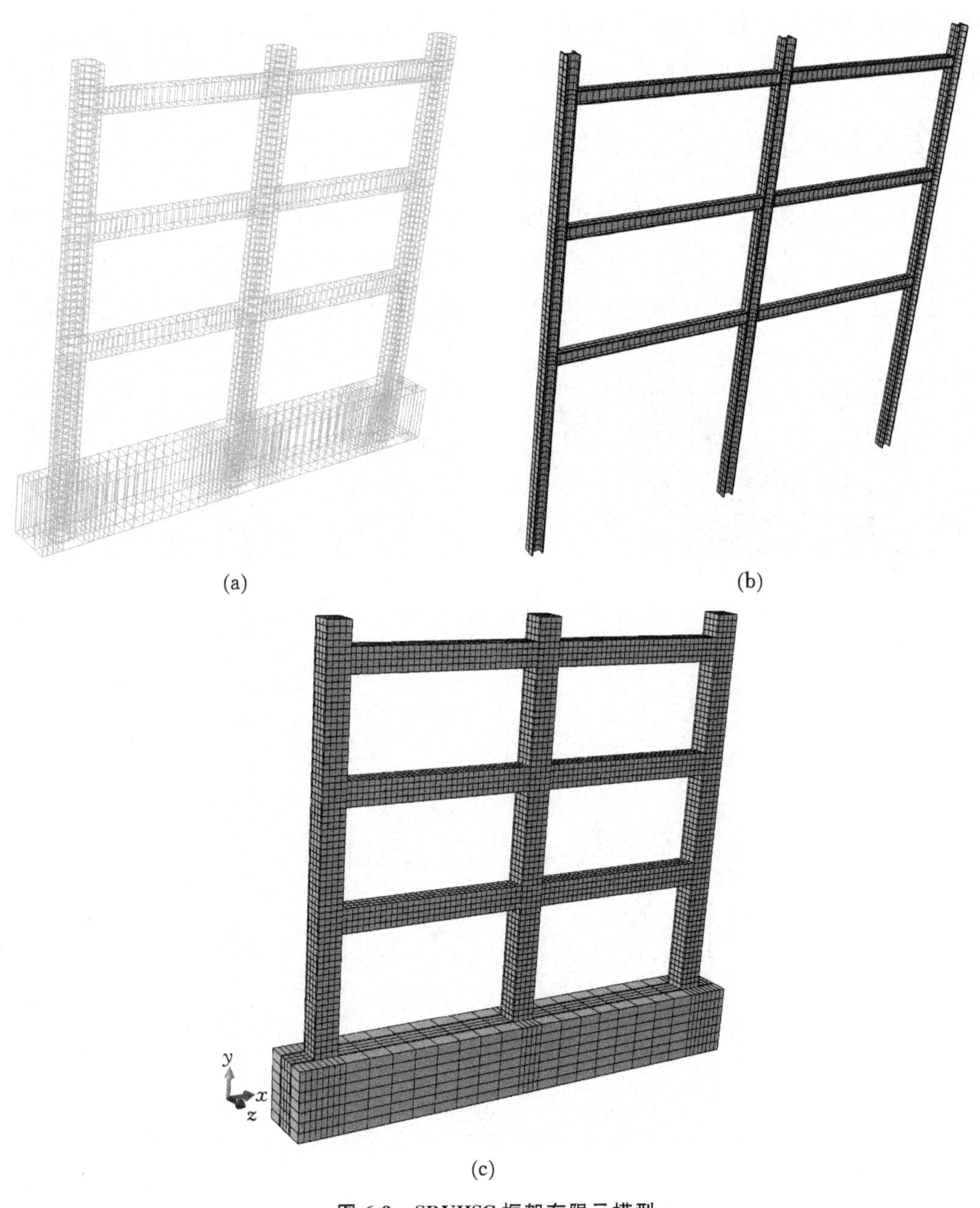

图 6.9 SRUHSC 框架有限元模型

(a) 钢筋模型；(b) 钢骨模型；(c) 混凝土模型

6.3 有限元模拟结果分析

本章基于 ABAQUS 有限元模拟软件，对第 3 章 SRUHSC 框架模型进行非线性分析，研究其在低周反复荷载作用下的荷载-位移骨架曲线、出现塑性铰的位置和顺序，以及达到峰值荷载时裂缝的开展、变形及应力-应变分布，并将其与试验结果进行对比分析，以此验证所建立有限元模型的有效性。

6.3.1 骨架曲线分析

有限元模型计算的荷载-位移曲线与试验中实测的骨架曲线对比如图 6.10(a)所示。有限元计算所得的框架结构刚度与试验中实测的刚度对比如图 6.10(b)所示。框架结构在产生第 1 个梁端塑性铰时定为屈服点、水平荷载

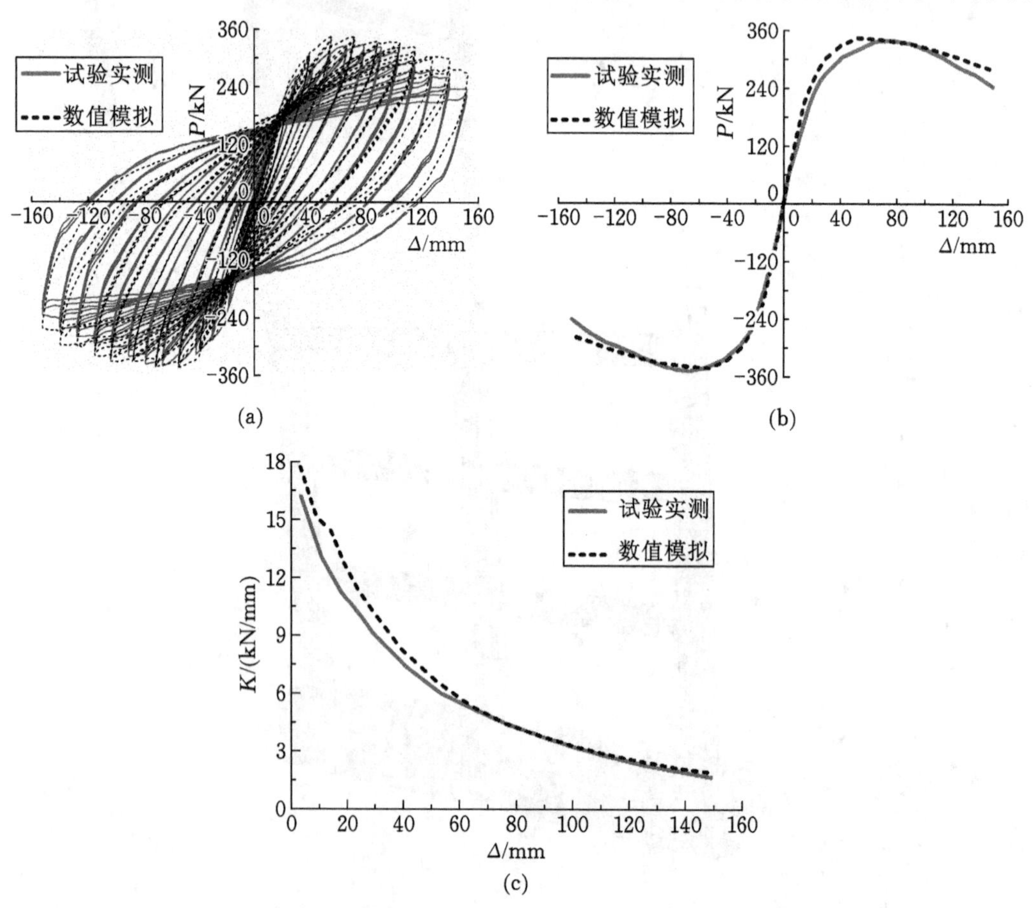

图 6.10 框架整体数值计算结果与试验结果对比

(a) 荷载-整体位移滞回曲线；(b) 荷载-整体位移骨架曲线；(c) 整体刚度退化曲线

达到最大值时定为峰值点、加载结束时定为结束点，表 6.1 列出了上述三处特征荷载及其对应位移的计算值和实测值，并进行了分析对比。

表 6.1 SRUHSC 框架不同加载阶段承载力计算值与试验值的对比

加载阶段	P_c/kN	Δ_c/mm	P_e/kN	Δ_e/mm	P_c/P_e	Δ_c/Δ_e
屈服点	274.3	24.8	282.8	30.4	0.97	0.82
峰值点	343.7	59.4	341.1	65.9	1.01	0.91
结束点	275.1	155.0	243.2	155.0	1.13	1.00

注：P_c、Δ_c 为 SRUHSC 框架 ABAQUS 数值模拟中在各加载阶段荷载和位移的计算值；P_e、Δ_e 为 SRUHSC 框架试验中在各加载阶段荷载和位移的实测值。

由图 6.10 和表 6.1 可得：

框架结构在加载前期的弹性刚度，数值模拟的计算值较实测值略大；随着加载的继续，结构刚度的计算值相较于试验实测值下降更快，更早地达到峰值点时，从而对应的峰值位移相较于试验实测值偏小；数值模拟与试验实测的峰值荷载，二者比值为 1.01；结构进入负刚度阶段，数值模拟计算的荷载-位移曲线与试验实测的骨架曲线贴近程度逐渐变差，二者分离趋势明显，然而从图 6.10(c)中可看出，二者在结构刚度方面却趋于一致，越发贴近。总体而言，结构的整体骨架曲线和刚度退化曲线，数值模拟的计算结果与试验中的实测结果，二者吻合度较好，从而验证了本章建立的有限元模型的正确性与有效性。

针对上述计算值与实测值的偏差，主要由以下三点造成：

(1) 试验中，真实的加载模式为循环往复加载，而为保证计算的收敛性，有限元数值模拟计算骨架曲线时，则采用单调加载模式，这样使得计算得到模型结构的损伤程度不如实际情况严重，结构刚度下降稍稍放缓。

(2) 实际试验中，试件因需施加反复水平荷载，故在框架顶层加装水平传力丝杠，虽然在加载前用高强螺栓紧紧拧住，但是随加载进行，结构破坏逐渐严重，梁端和柱端混凝土不断开裂、剥落，原本拧紧的螺栓也随之松动，产生变形，从而导致框架顶层梁端实测的侧向位移要比计算值大，同时，这也在一定程度上导致结构刚度实测值与数值模拟的计算值相比偏小。

(3) 本文建立的有限元模型未考虑钢骨与混凝土之间的黏结滑移作用，

但在实际加载过程中，尤其是加载后期，结构进入负刚度阶段，其内部钢骨与混凝土之间会产生一定程度的滑移，这就导致加载初期结构刚度的计算值相较于实测值更大。

图 6.11 给出了模型结构水平荷载 P-层间侧向位移 $\Delta_i(i=1,2,3)$ 骨架曲线及各层层间刚度的数值模拟计算值与试验实测值的对比。从图 6.11 中可以看出，双方曲线的吻合程度较好，所呈现的规律与框架整体结构的计算结果相似，说明框架结构各层的变形有限元模拟的结果与试验中的实际状况较为一致，这也从侧面进一步验证了本章所建立的有限元模型的有效性与正确性。

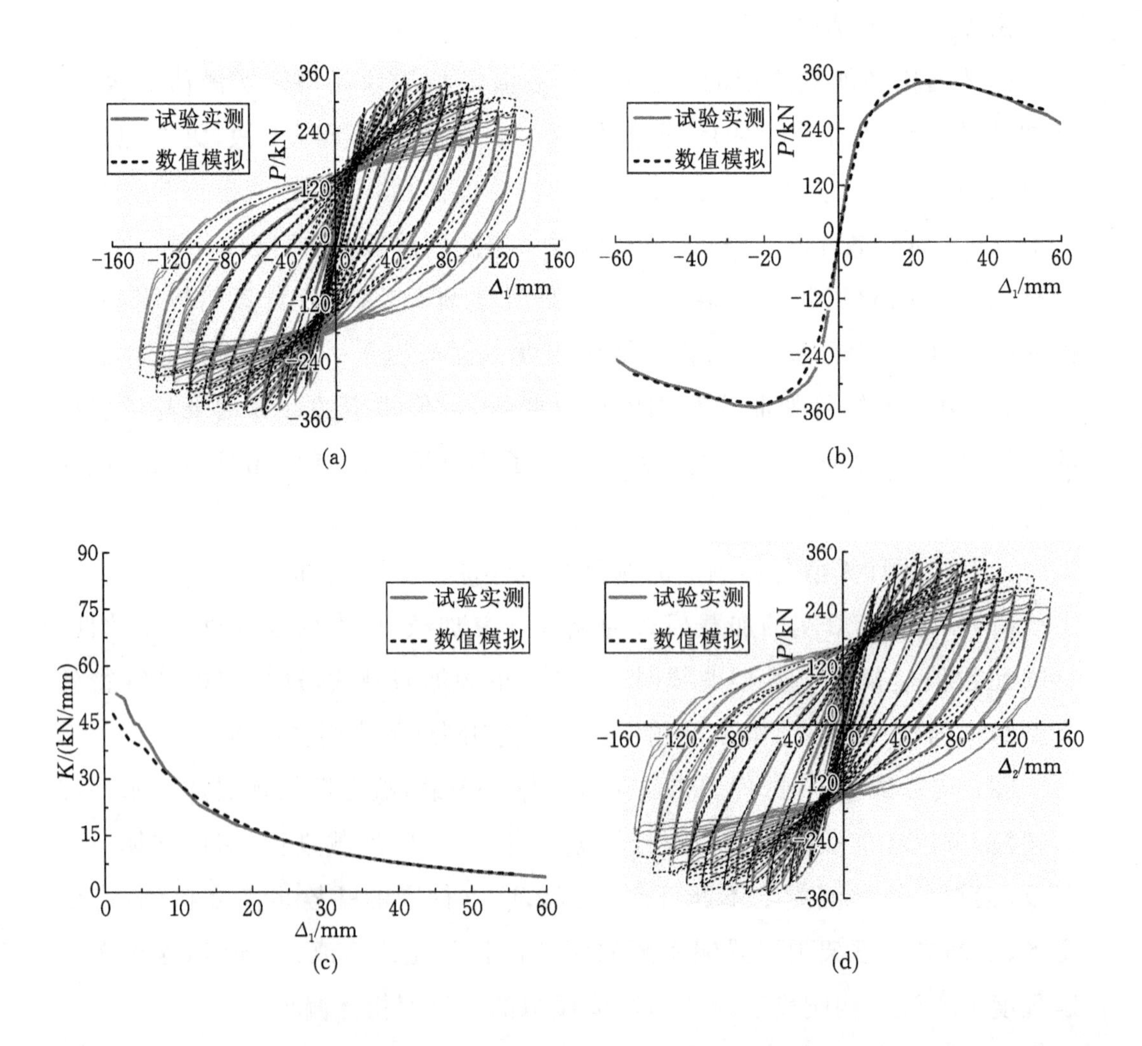

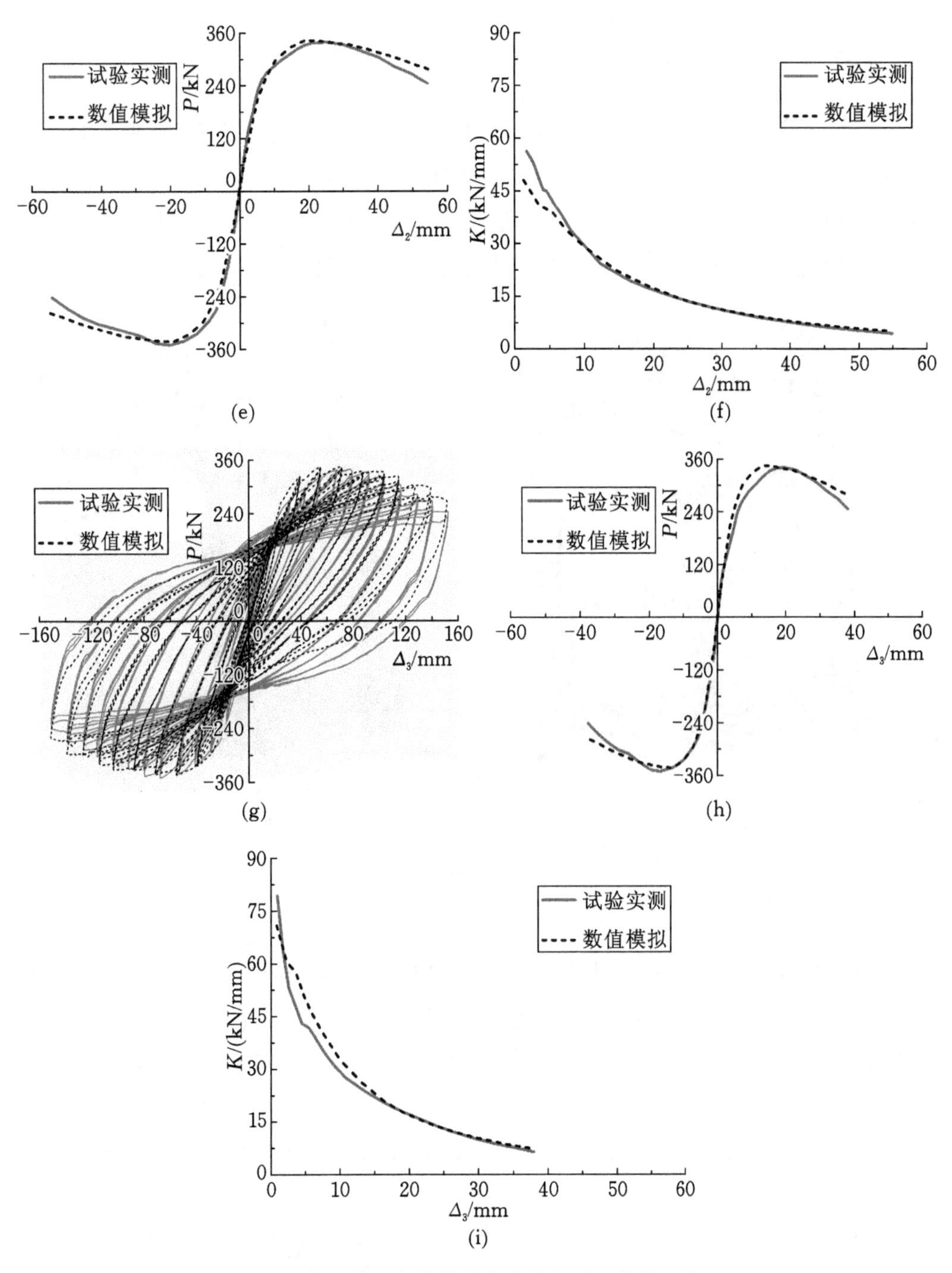

图 6.11　框架各层间数值计算结果与试验结果对比

(a)荷载-1 层层间位移滞回曲线；(b)荷载-1 层层间位移骨架曲线；(c) 1 层层间刚度退化曲线；

(d)荷载-2 层层间位移滞回曲线；(e) 荷载-2 层层间位移骨架曲线；(f) 2 层层间刚度退化曲线；

(g)荷载-3 层层间位移滞回曲线；(h) 荷载-3 层层间位移骨架曲线；(i) 3 层层间刚度退化曲线

6.3.2 出铰顺序分析

在试验过程中，产生塑性铰位置和顺序的不同会使框架结构发生不同的破坏模式。对于框架模型塑性铰产生的位置及顺序，有限元模拟的结果与试验实测的结果对比情况如图 6.12 所示。图 6.13 和图 6.14 分别为框架在水平荷载达到峰值时，框架产生的裂缝以及变形。由图 6.12 可知：

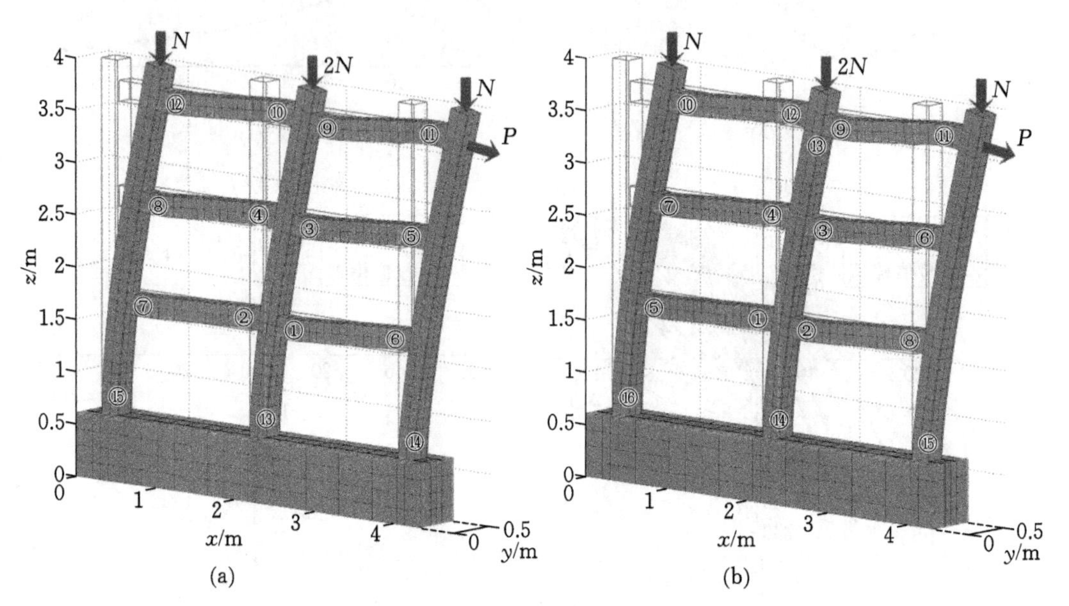

图 6.12　数值计算与试验实测出铰顺序对比

(a) 数值模拟结果；(b) 试验实测结果

(1) 从模拟结果和实测结果可以看出，本次试验的框架结构为“强柱弱梁”型结构，在 1 层中柱的左侧或右侧梁端首先产生塑性铰，随后在框架各层梁端陆续出现，直至塑性铰在所有梁端产生后，3 层中柱柱顶及底层柱根部才产生塑性铰。

(2) 模拟结果和实测结果的出铰顺序有些许不同，造成这一现象的原因主要是：

① 框架中所用钢材实测的力学性能与其本身的型号该有的力学性能有所差异，且钢材自身的材质也非均匀分布；

② 由于本章的框架结构，其梁和柱采用不同强度的混凝土，在实际浇筑梁柱节点时，很难保证双方泾渭分明、互不干扰，从而引起实际结构中各梁端的混凝土强度存在些许差别，材料强度分布规律变差，这便导致框架模型各梁端实际强度和抗弯承载能力各异；

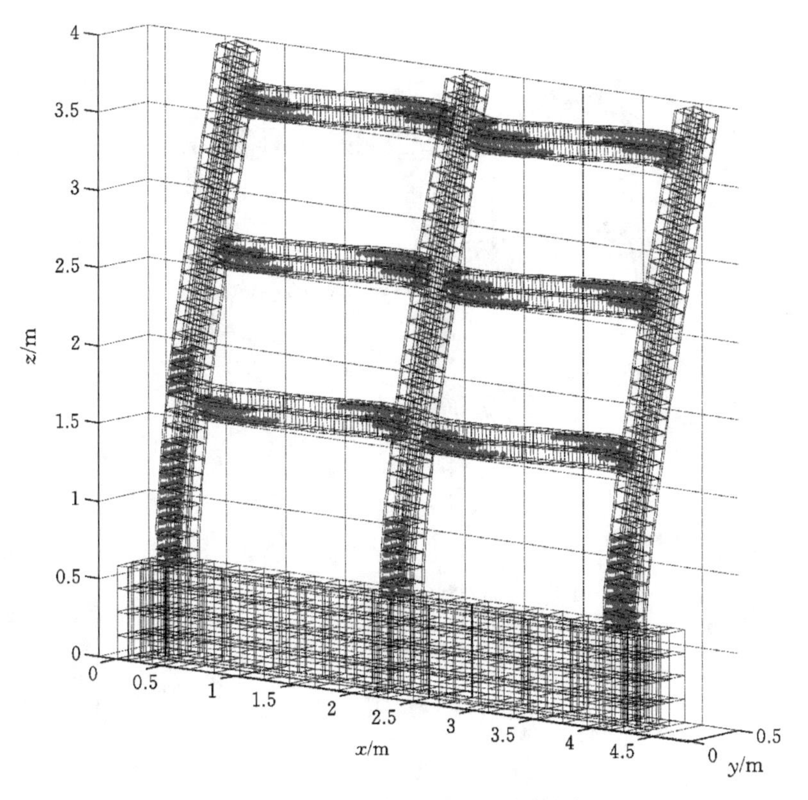

图 6.13 峰值荷载下框架的裂缝分布

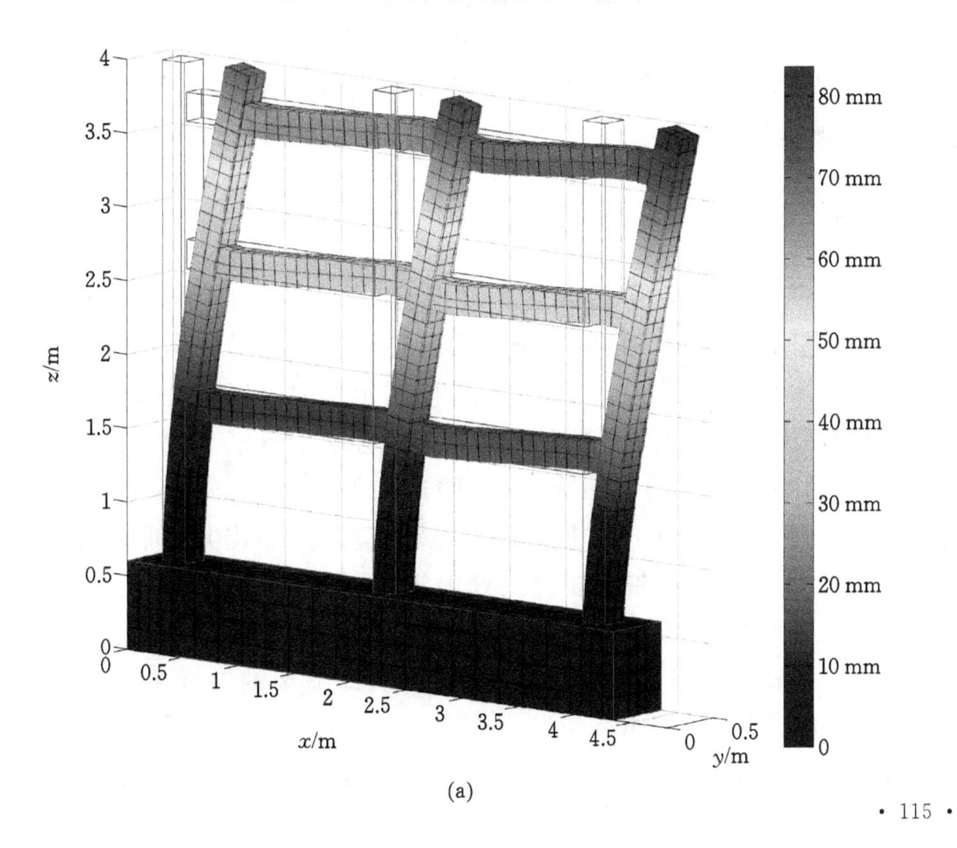

(a)

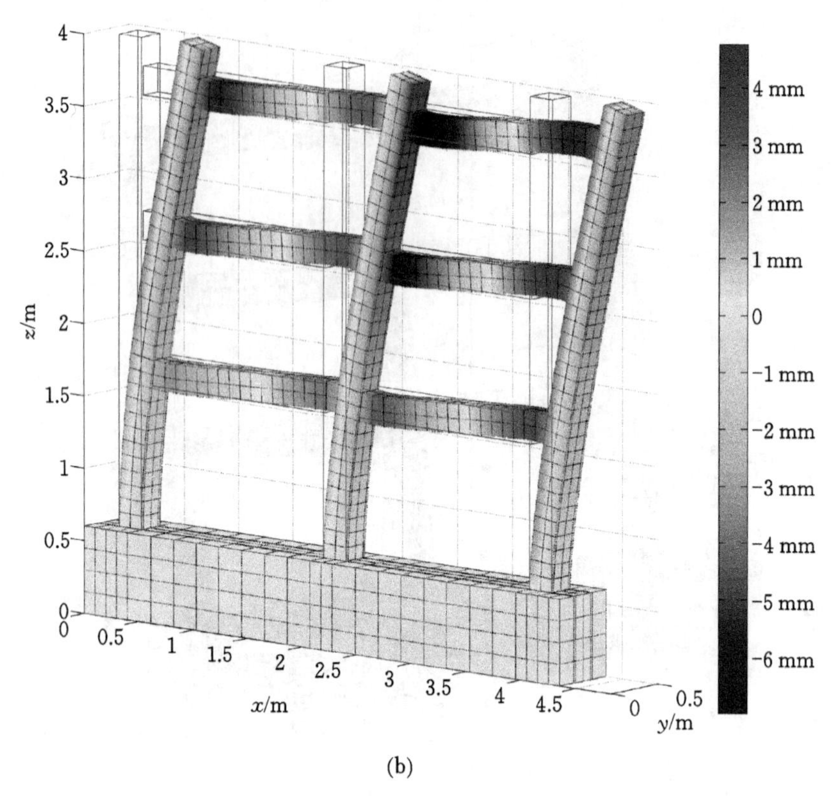

(b)

图 6.14　峰值荷载下框架的位移云图

(a) 侧向位移;(b) 竖向位移

③ 有限元模型中框架梁端的混凝土及钢材性能是统一赋予,各材质均匀分布,各框架梁具有一致的强度和承载能力,从而出铰顺序呈现得较为规律。

6.3.3　应力-应变分布

图 6.15 为框架在水平荷载达到峰值时,框架产生最大侧向位移时的应力-应变云图。由图 6.15 可知:有限元模拟得到的内力分布规律、破坏特征与试验现象基本相同,说明本章所建立的有限元模型可以反映试验实际情况。框架达到屈服时,柱的纵筋、梁柱以及节点核心区的箍筋,其应力水平均处于较低状态,远小于各自的屈服强度,表明这些部位的纵筋与箍筋都还处于弹性状态;然而在梁端部位的梁上纵筋,其最大应力则超出其屈服强度;框架试件的型钢最大应力发生在梁柱交接处附近,型钢翼缘未达到屈服状态,说明框架发生梁端塑性铰区弯曲破坏,与试验现象比较吻合;混凝土最大应力和应变均发生在底层柱根部位以及各层的梁端,即框架的裂缝主要开展及破坏的区域,这也与试验结果相符。

为形象地展现达到水平峰值荷载时,SRUHSC 框架结构的变形、位移、裂缝分布以及应力-应变云图，特将 ABAQUS 数值模拟的计算结果导出，利用 MATALB 编写后处理程序，添加三维坐标系、原始框架以及水平峰值荷载时的最大变形，得到图 6.13、图 6.14 以及图 6.15 的效果。其后处理程序详见附录 2。

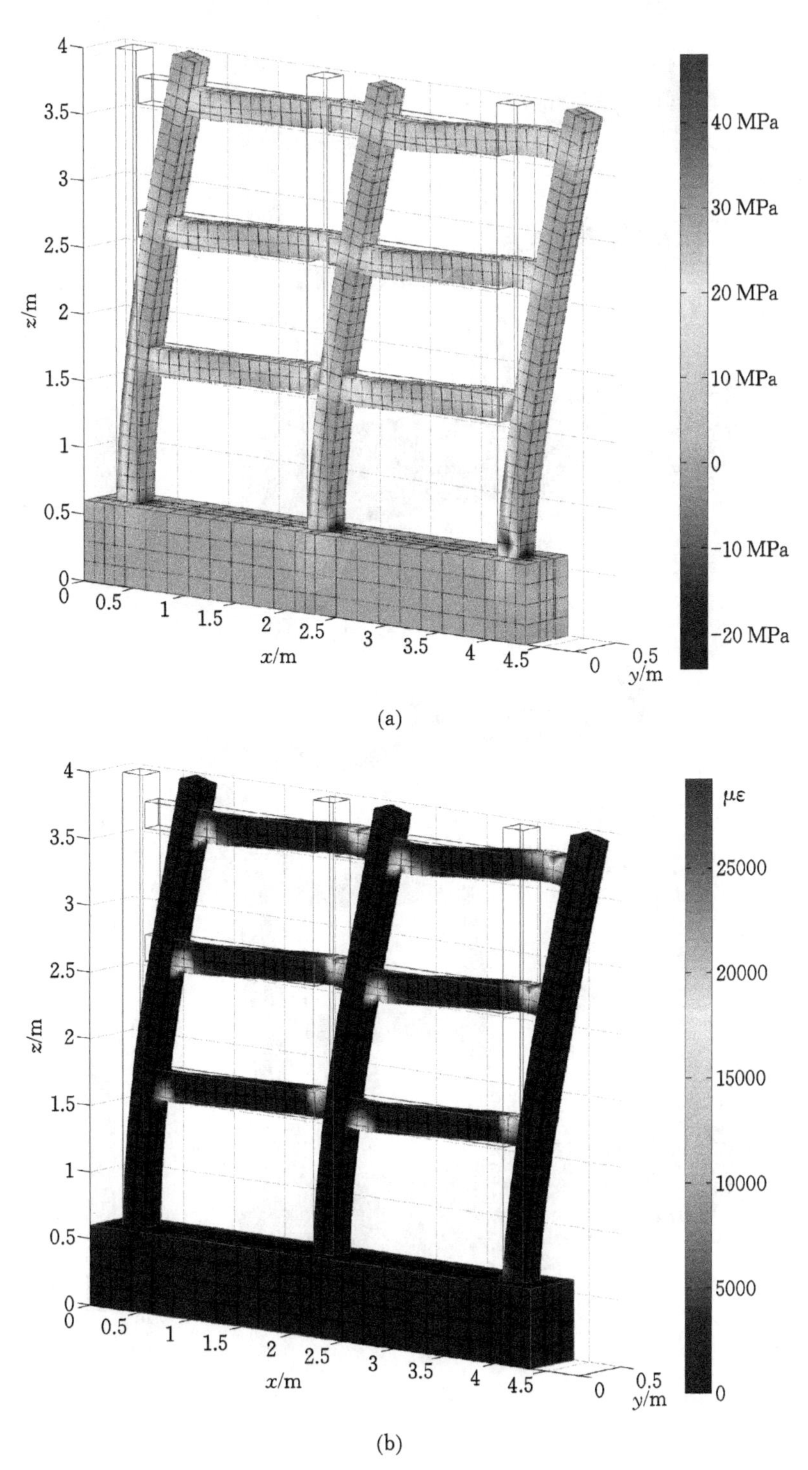

(a)

(b)

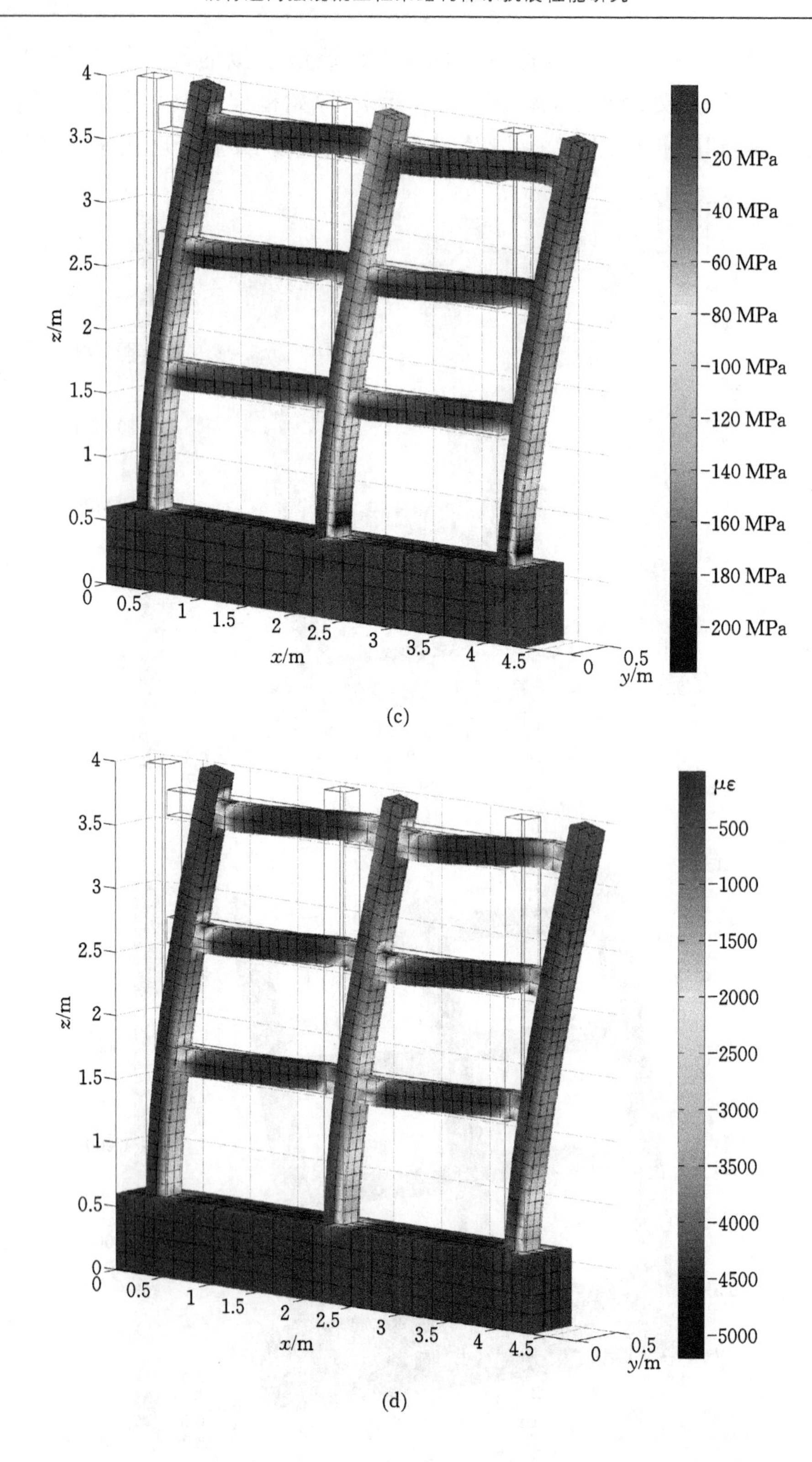
4
3.5
3
2.5
2
1.5
1
0.5
0
z/m
0
0.5
1
1.5
2
2.5
3
3.5
4
4.5
x/m
0
0.5
y/m
0
-20 MPa
-40 MPa
-60 MPa
-80 MPa
-100 MPa
-120 MPa
-140 MPa
-160 MPa
-180 MPa
-200 MPa

(c)

z/m
x/m
y/m
με
-500
-1000
-1500
-2000
-2500
-3000
-3500
-4000
-4500
-5000

(d)

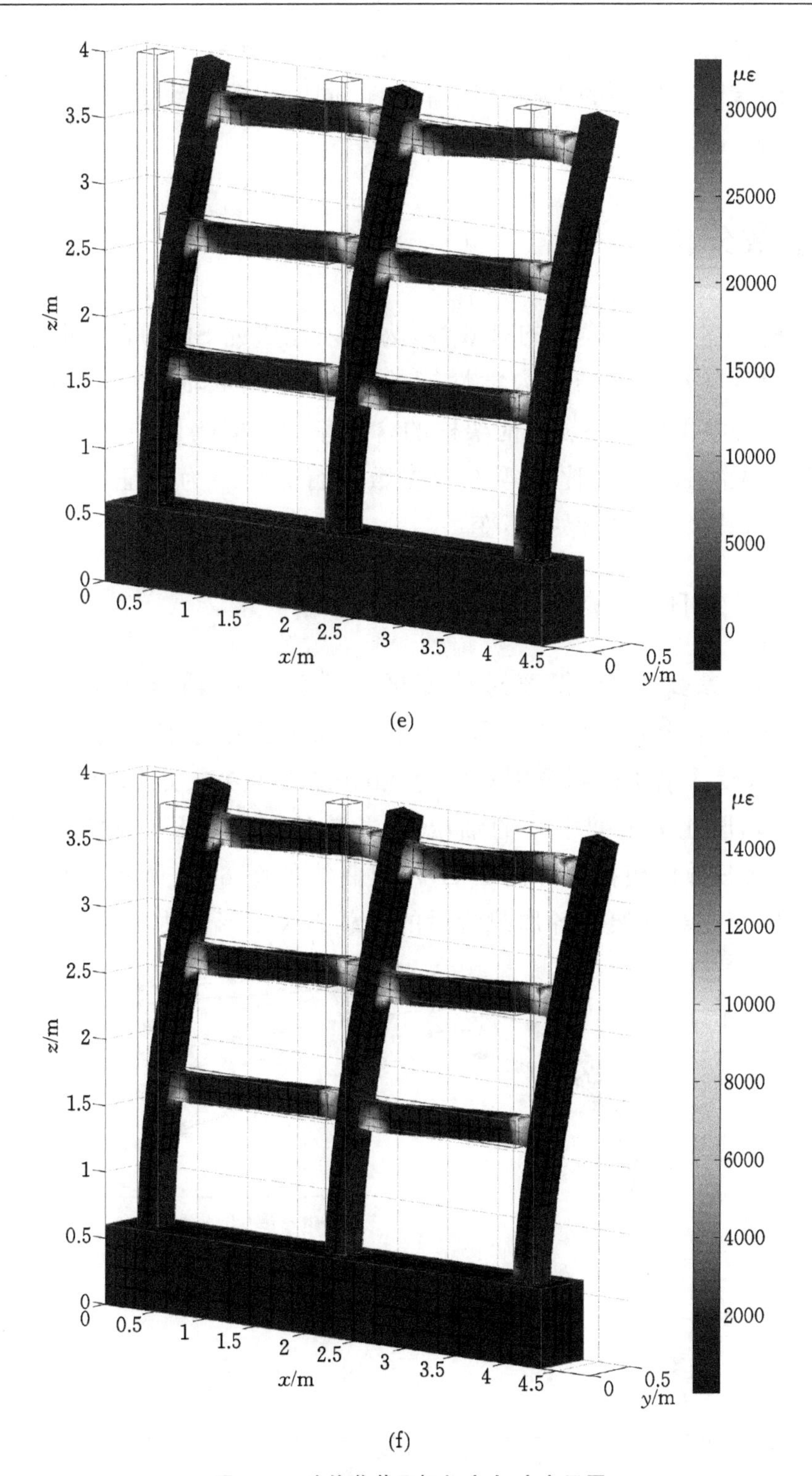

图 6.15　峰值荷载下框架应力-应变云图

(a) 最大主应力；(b) 最大主应变；(c) 最小主应力；

(d) 最小主应变；(e) 有效塑性应变；(f) 最大剪切应变

综上所述，数值模拟的计算结果与试验实测结果吻合性均较好，表明本章所建立的有限元模型的正确性和有效性，同时也为后续的参数分析奠定了良好的基础。

6.4 参数分析

基于所建立有限元模型的有效性，为深入地研究 SRUHSC 框架结构，了解各主要设计参数对该结构力学性能的影响，特选取轴压比 n、混凝土强度 f_{cu}、框架柱的体积配箍率 ρ_{sv}、框架柱的含钢率 ρ_{ss}、框架柱中钢骨的屈服强度 f_y，以及框架梁柱线刚度比 β 等 6 个参数进行分析。为保证其准确性，研究某一参数时，其余参数均保持不变。

6.4.1 轴压比 n

保持其他参数不变，仅通过改变框架模型柱的轴压比 n 来研究其对 SRUHSC 框架结构力学性能的影响。试验轴压比 n 分别取为 0.0、0.1、0.2、0.3、0.4、0.5，设计轴压比则分别对应为 0.0、0.2、0.4、0.6、0.8、1.0。需要说明的是，此处的轴压比为框架中柱的轴压比，相应边柱的轴压比则取为中柱的一半。ABAQUS 数值模拟计算的 P-Δ 骨架曲线如图 6.16 所示，同时表 6.2 给出了轴压比变化对框架在各加载阶段的承载力及变形能力的影响。

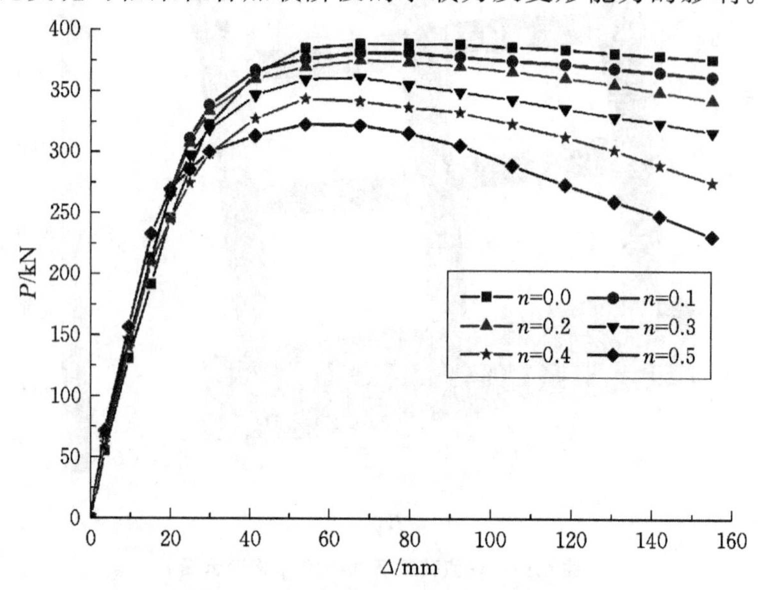

图 6.16 轴压比对框架 P-Δ 曲线的影响

表 6.2 轴压比对框架各阶段承载力及变形能力的影响

轴压比 n	P_q/kN	P_m/kN	P_e/kN	Δ_q/mm	Δ_m/mm	Δ_e/mm
0.0	312.7	388.9	376.6	29.7	86.0	155.0
0.1	318.9	381.5	361.7	24.9	75.8	155.0
0.2	307.9	375.2	342.7	24.9	67.1	155.0
0.3	297.3	360.9	316.2	24.9	60.7	155.0
0.4	278.4	341.3	275.0	24.9	54.0	155.0
0.5	285.7	322.5	231.3	24.8	49.5	155.0

注：P_q为数值模拟框架出现第一个梁端塑性铰时水平荷载的计算值；
P_m为数值模拟框架水平荷载的计算峰值；
P_e为数值模拟加载结束时框架在结束点处水平荷载的计算值；
Δ_q、Δ_m、Δ_e则分别为对应于P_q、P_m、P_e框架顶层梁端的水平位移计算值。

由图 6.16、表 6.2 可知：

(1) 轴压比 n 对框架结构前期加载时的弹性刚度影响较小，但对框架的峰值荷载以及之后结构进入的负刚度段影响较大。

(2) 当轴压比 n 为 0(即无轴向力作用)时，模型结构在产生第 1 个梁端塑性铰时的水平荷载为 312.7 kN，待荷载达到峰值时，水平荷载值提高到 388.9 kN，其后结构的水平承载力下降极为平缓，相较于峰值，直至加载结束，其结束点的水平荷载也仅仅下降了 3.16%。

(3) 由于框架模型的高度较大，水平荷载作用下会产生较大的侧向位移，故 P-Δ 效应明显。随着轴压比的增加，水平荷载的峰值也随之减小，相较于轴压比 n 为 0 时的峰值荷载，轴压比为 0.1、0.2、0.3、0.4 和 0.5 时的峰值荷载分别下降了 1.90%、3.52%、7.20%、12.2%和 17.1%，且随着峰值荷载 P_m的减小，其对应的水平位移 Δ_m也在不断变小，具体影响状况如图 6.17 所示。

(4) 从图 6.16 可以明显看出，随着轴压比的增大，结构在负刚度阶段下降的趋势越发显著(轴压比从 0.1 增至 0.5 时，相较于结构各自的峰值荷载 P_m，在加载结束点处的荷载 P_e 分别下降了 5.19%、8.66%、12.4%、20.0%和 28.3%)；随着下降幅度的增大，框架结构的位移延性也在随之降低。

6.4.2 混凝土强度 f_{cu}

保持其他参数不变，仅通过改变框架模型柱中混凝土的强度 f_{cu}来研究其对 SRUHSC 框架结构力学性能的影响。由于本书的研究对象是钢骨超高

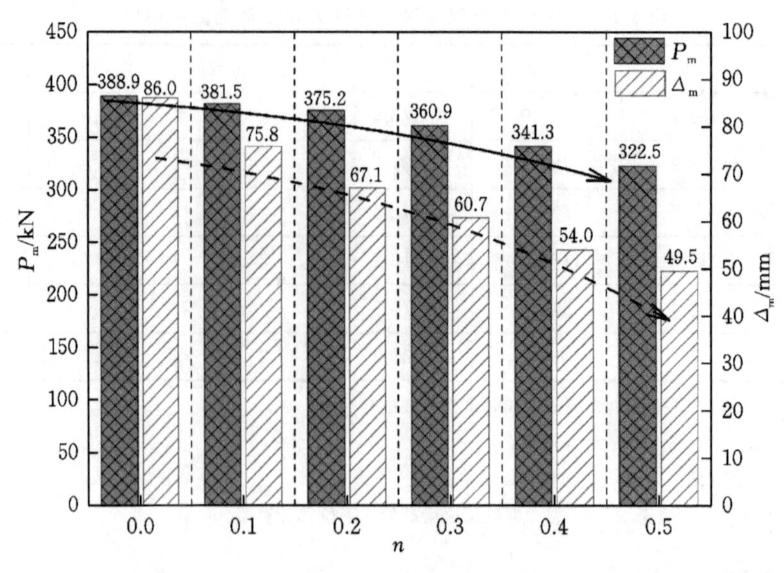

图 6.17　轴压比对框架峰值荷载及其对应位移的影响

强混凝土框架结构的受力性能，其柱中的混凝土强度等级需高强或高强以上，故而混凝土强度等级分别取 90 MPa、100 MPa、110 MPa 以及 120 MPa。ABAQUS 数值模拟计算的 $P\text{-}\Delta$ 骨架曲线如图 6.18 所示，同时表 6.3 给出了混凝土强度变化对结构在各加载阶段的承载力及变形能力的影响。表 6.3 中各符号的含义与表 6.1 中一致。

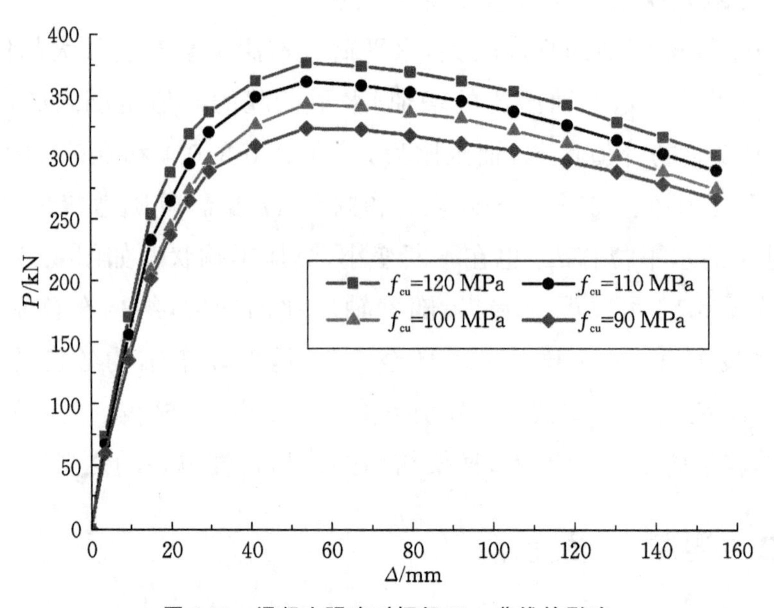

图 6.18　混凝土强度对框架 $P\text{-}\Delta$ 曲线的影响

表 6.3 混凝土强度对框架各阶段承载力及变形能力的影响

f_{cu}/MPa	P_q/kN	P_m/kN	P_e/kN	Δ_q/mm	Δ_m/mm	Δ_e/mm
90	256.7	324.3	267.6	23.4	64.2	155.0
100	274.3	343.7	275.1	24.8	59.4	155.0
110	295.5	361.8	290.2	24.8	57.8	155.0
120	319.6	376.9	302.6	24.8	53.2	155.0

由图 6.18 及表 6.3 可知：

(1) 当 f_{cu}为 90 MPa 时，模型结构在产生第 1 个梁端塑性铰时的水平荷载为 256.7 kN，待荷载达到峰值时，水平荷载值提高到 324.3 kN，而直至加载结束时，结束点的荷载值为 267.6 kN，下降了 17.5%。

(2) 混凝土强度的变化对结构的初始刚度以及水平承载力的峰值均有一定影响。框架柱正截面的承载能力随混凝土强度的提高而增强，且混凝土强度越高，其对内部钢骨的包裹能力就越强，结构弹性段的初始刚度和峰值荷载也随之增大。相较于混凝土强度为 90 MPa 的结构峰值荷载，f_{cu}为 100 MPa、110 MPa 以及 120 MPa 时，结构的峰值荷载分别提高了 5.98%、11.6% 和 16.2%，框架结构的峰值荷载 P_m对应的顶层梁端水平位移 Δ_m也在不断变小，具体影响状况如图 6.19 所示。

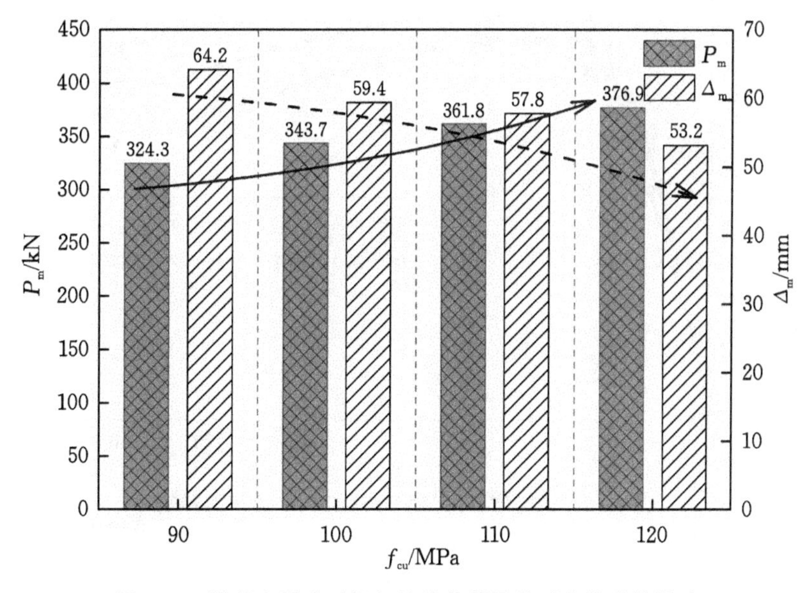

图 6.19 混凝土强度对框架峰值荷载及其对应位移的影响

(3) 随着混凝土强度从 90 MPa 提高到 120 MPa,结构在加载结束时,其结束点处的荷载 P_e 与各自的峰值荷载 P_m 相比分别下降了 17.5%、20.0%、19.8%和 19.7%,各骨架曲线的负刚度段的下降幅度均较大,且后三个强度等级的骨架曲线负刚度段下降幅度相近,表明混凝土强度进入超高强范畴(即 $f_{cu} \geqslant 100$ MPa)时,单纯地提升混凝土强度对结构的延性影响不大。

6.4.3 框架柱的体积配箍率 ρ_{sv}

保持其他参数不变,仅通过改变框架模型柱的体积配箍率 ρ_{sv} 来研究其对 SRUHSC 框架结构力学性能的影响。箍筋布置的疏密直接关系其能否有效约束混凝土,从而影响整个结构的受力性能。本模型框架柱采用八变形复合箍筋,可通过配置不同间距的箍筋来改变柱的体积配箍率 ρ_{sv}。箍筋间距分别设置为 50 mm、60 mm、85 mm 和 100 mm,对应的体积配箍率 ρ_{sv} 则分别为 2.00%、1.67%、1.18%和 1.00%。ABAQUS 数值模拟计算的 P-Δ 骨架曲线如图 6.20 所示。表 6.4 给出了体积配箍率变化对结构在各加载阶段的承载力及变形能力的影响。表 6.4 中各符号的含义与表 6.1 中一致。

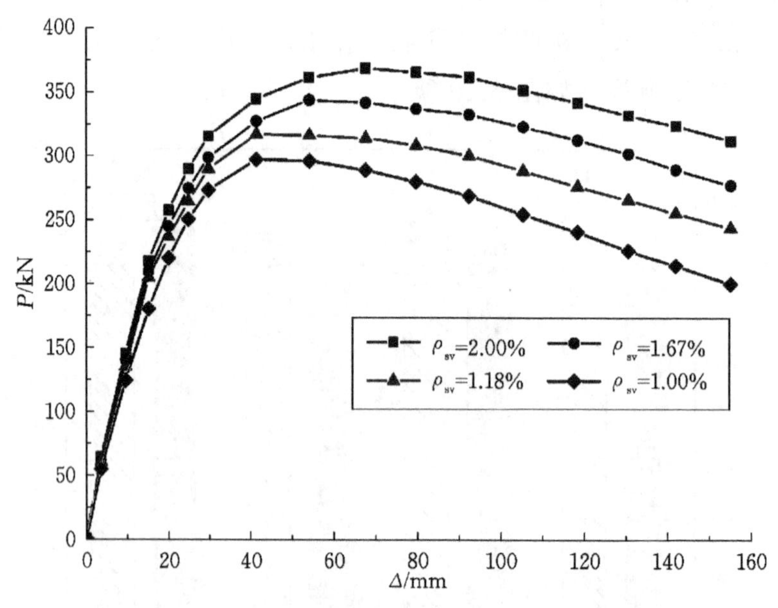

图 6.20 柱的体积配箍率对框架 P-Δ 曲线的影响

表 6.4 体积配箍率对框架各阶段承载力及变形能力的影响

ρ_{sv}	P_q/kN	P_m/kN	P_e/kN	Δ_q/mm	Δ_m/mm	Δ_e/mm
1.00%	204.8	296.3	196.8	18.2	39.6	155.0
1.18%	237.6	316.8	243.7	20.4	41.3	155.0
1.67%	274.3	343.7	275.1	24.8	59.4	155.0
2.00%	310.8	368.5	312.5	28.6	67.4	155.0

由图 6.20 及表 6.4 可知：

(1) 随着箍筋间距的减小、体积配箍率的增大，对混凝土约束作用逐渐加强，结构的初始刚度、峰值荷载也随之提高。

(2) 当 ρ_{sv} 为 1.00%（即箍筋间距为 100 mm）时，模型结构在产生第 1 个梁端塑性铰时的水平荷载为 204.8 kN，待荷载达到峰值时，水平荷载值提高到 296.3 kN，而直至加载结束时，结束点的荷载值为 196.8 kN，下降了 33.6%。

(3) 相较于 ρ_{sv} 为 1.00%的结构峰值荷载，ρ_{sv} 为 1.18%、1.67%以及2.00%时，结构的峰值荷载分别提高了 6.92%、16.0%和 24.4%，结构的峰值荷载 P_m 对应的顶层梁端水平位移 Δ_m 也在不断增大（图 6.21），表明结构耗能能力在不断增强。

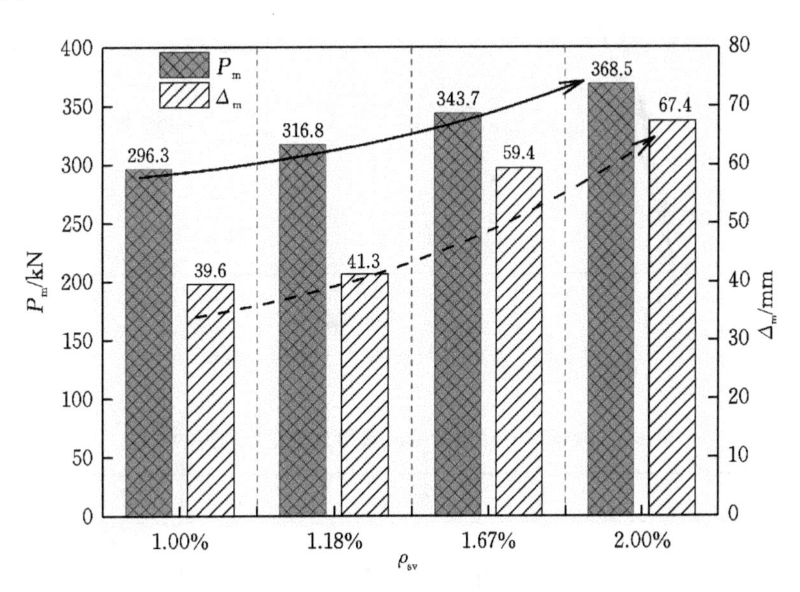

图 6.21 体积配箍率对框架峰值荷载及其对应位移的影响

(4) 体积配箍率 ρ_{sv} 从 1.00%增大至 2.00%，在结束点处的荷载 P_e 与各自的峰值荷载 P_m 相比分别下降了 33.6%、23.1%、19.9%和 15.2%，下降幅度的变小，表示各骨架曲线负刚度段的下降趋势逐渐平缓，结构延性在不断加强。

6.4.4 框架柱的含钢率 ρ_{ss}

保持其他参数不变，仅通过改变框架模型柱中的含钢率 ρ_{ss} 来研究其对 SRUHSC 框架结构力学性能的影响。模型框架柱中钢骨分别取工字型钢、H 型钢以及十字型钢，其中工字型钢为 I10；H 型钢为 HW10；而十字型钢是用两 I10 型钢焊接而成。三者的含钢率 ρ_{ss} 分别为 3.58%、5.48%及 7.15%。ABAQUS 数值模拟计算的 P-Δ 骨架曲线如图 6.22 所示。表 6.5 给出了含钢率变化对结构在各加载阶段的承载力及变形能力的影响。表 6.5 中各符号的含义与表 6.1 中一致。

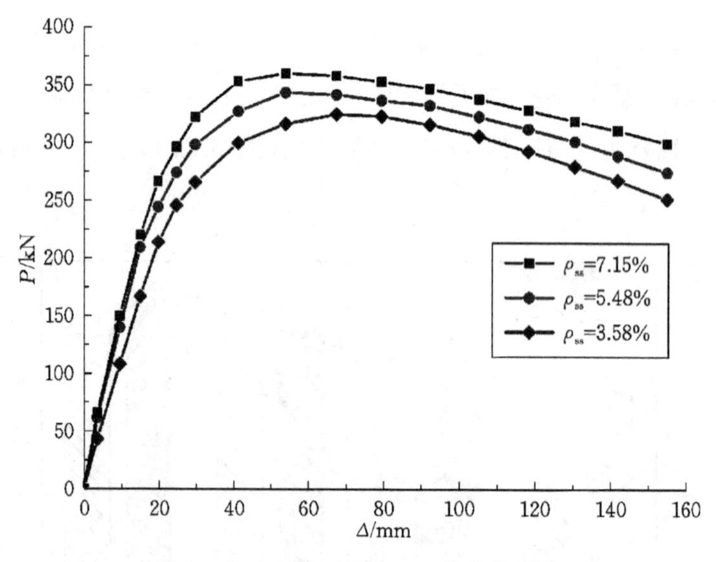

图 6.22 含钢率对框架 P-Δ 曲线的影响

表 6.5 含钢率对框架各阶段承载力及变形能力的影响

ρ_{ss}	P_q/kN	P_m/kN	P_e/kN	Δ_q/mm	Δ_m/mm	Δ_e/mm
3.58%	225.7	324.8	252.3	21.7	67.4	155.0
5.48%	274.3	343.7	275.1	24.8	59.4	155.0
7.15%	315.4	360.5	300.2	28.3	56.0	155.0

由图 6.22 及表 6.5 可知：

(1) 随着柱中含钢率的提高，框架模型在弹塑性段的刚度以及水平承载力都有所提高，下降段的下降幅度也略有减小，但含钢率总体上主要影响曲线的数值，对 P-Δ 骨架曲线的整体形状及走势影响较小。

(2) 当 ρ_{ss} 为 3.58%（即柱中钢骨配置 I10 号型钢）时，模型结构在产生第 1 个梁端塑性铰时的水平荷载为 225.7 kN，待荷载达到峰值时，水平荷载值提高到 324.8 kN，而直至加载结束时，结束点的荷载值为 252.3 kN，较峰值荷载下降了 22.3%。

(3) 相较于 ρ_{ss} 为 3.58%的结构峰值荷载，ρ_{ss} 分别为 5.48%和 7.15%（即柱中配置 H 型钢骨和十字型钢骨）的结构，其水平荷载的峰值分别提高了 5.82%和 11.0%，且峰值荷载 P_m 对应的顶层梁端水平位移 Δ_m 在不断减小，具体表现如图 6.23 所示。

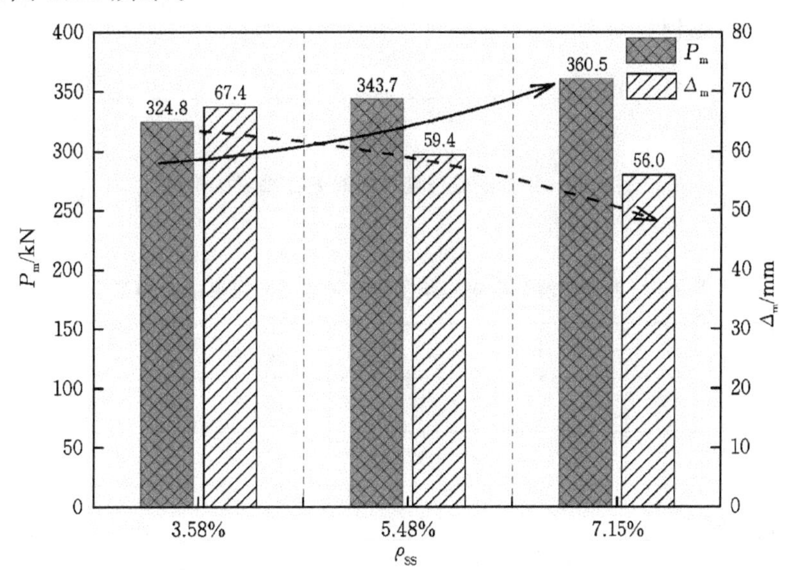

图 6.23　含钢率对框架峰值荷载及其对应位移的影响

(4) 随着含钢率的提高，柱截面的高等约束区域不断变大，其对核心区混凝土的裹握力加强，结构在结束点处的荷载 P_e 与各自的峰值荷载 P_m 相比分别下降了 22.3%、19.9%和 16.8%，下降幅度的减小，表明结构延性的增强。

6.4.5　框架柱中钢骨的屈服强度 f_y

保持其他参数不变，仅通过改变框架模型柱中钢骨的屈服强度 f_y 来研究其对 SRUHSC 框架结构力学性能的影响。逐次选取 Q235、Q345、Q390 以及

Q420 级钢材作为钢骨，则对应的屈服强度 f_y 分别取为 235 MPa、345 MPa、390 MPa 和 420 MPa。ABAQUS 数值模拟计算的 P-Δ 骨架曲线如图 6.24 所示，同时表 6.6 给出了柱中钢骨屈服强度变化对结构在各加载阶段的承载力及变形能力的影响。表 6.6 中各符号的含义与表 6.1 中一致。

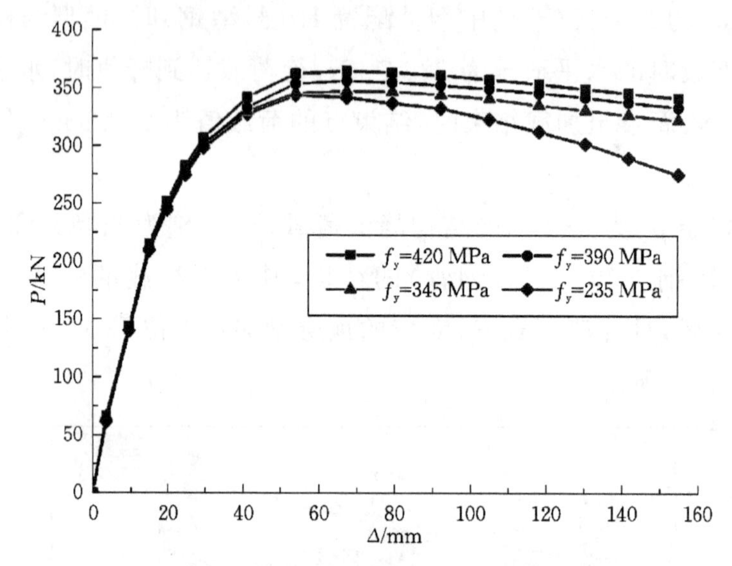

图 6.24　钢骨屈服强度对框架 P-Δ 曲线的影响

表 6.6　钢骨屈服强度对框架各阶段承载力及变形能力的影响

f_y/MPa	P_q/kN	P_m/kN	P_e/kN	Δ_q/mm	Δ_m/mm	Δ_e/mm
235	274.3	343.7	275.1	24.8	59.4	155.0
345	276.1	347.3	322.1	24.8	64.7	155.0
390	278.2	355.9	333.2	24.8	67.4	155.0
420	280.3	364.5	341.3	24.8	67.4	155.0

由图 6.24 及表 6.6 可知：

(1) 钢骨屈服强度 f_y 的变化对结构弹性阶段的刚度影响很小，各个 P-Δ 曲线在这一阶段几乎重合。

(2) 增大钢骨的屈服强度 f_y，让框架结构的峰值荷载以及之后的负刚度段的承载力均有所提高，但提高不明显，幅度较小；与屈服强度 f_y 为 235 MPa 的钢骨相比，采用 Q345、Q390 以及 Q420 级钢材作为钢骨的框架，其极限荷载分别增加了 1.05%、3.55% 和 6.05%，峰值荷载 P_m 对应的顶层梁端水平位

移 Δ_m变化很小。柱中取不同屈服强度的钢骨对框架结构峰值荷载及对应位移的影响状况如图 6.25 所示。

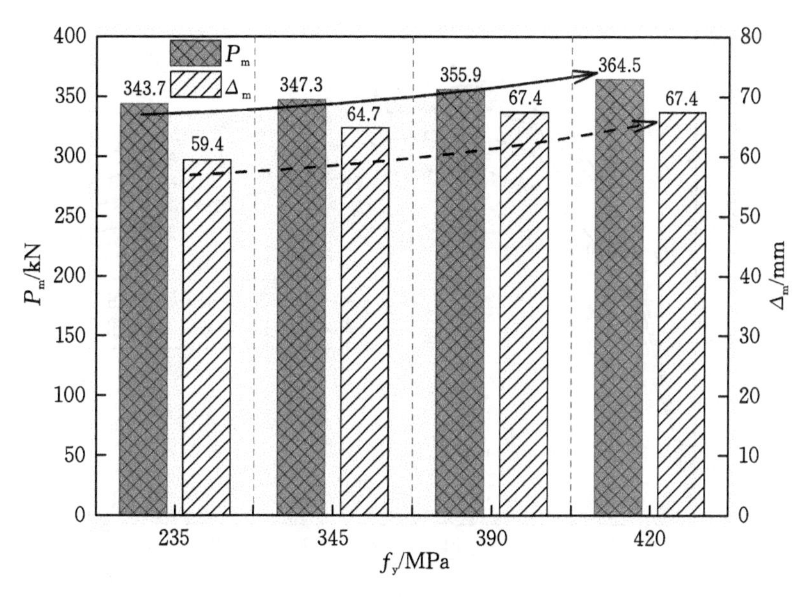

图 6.25　钢骨屈服强度对框架峰值荷载及其对应位移的影响

(3) 在框架模型柱中钢骨的屈服强度 f_y从 235 MPa 提高到 420 MPa 的过程中,相较于各自的峰值荷载 P_m,结构在加载结束点处的荷载 P_e 分别下降了 19.9%、7.26%、6.38%和 6.36%,表明 P-Δ 曲线在负刚度阶段承载力均有一定程度的降低,且钢骨屈服强度越大,降幅越小,曲线下降越缓,从而结构的延性越好。

6.4.6　框架梁柱线刚度比 β

框架结构中,梁对柱的约束程度由梁柱线刚度比 β 这一参数来表征。不同的梁柱线刚度比 β 表示了梁对柱不同的约束程度,这种差异会使框架柱具有不同的侧移能力与转角能力,从而影响其计算长度,最终引起框架结构整体承载能力的变化。因此,梁柱线刚度比是影响框架结构抗震性能的一个重要参数。现保持其他参数不变,仅通过改变框架模型梁的跨度 l_n来调整梁柱线刚度比 β,以此来研究其对 SRUHSC 框架结构力学性能的影响。对于框架结构,边柱或中柱部位的梁柱线刚度比 β 需按一般层和底层分别计算,此处梁柱线刚度比 β 取框架底层中柱部位,其值分别取为 0.25、0.50、0.75 和 1.00。ABAQUS 数值模拟计算的 P-Δ 骨架曲线如图 6.26 所示。表 6.7 给出了梁柱线刚度比的变化对框架结构在各加载阶段的承载力及变形能力的影响。表6.7中各符号的含义与表6.1中一致。

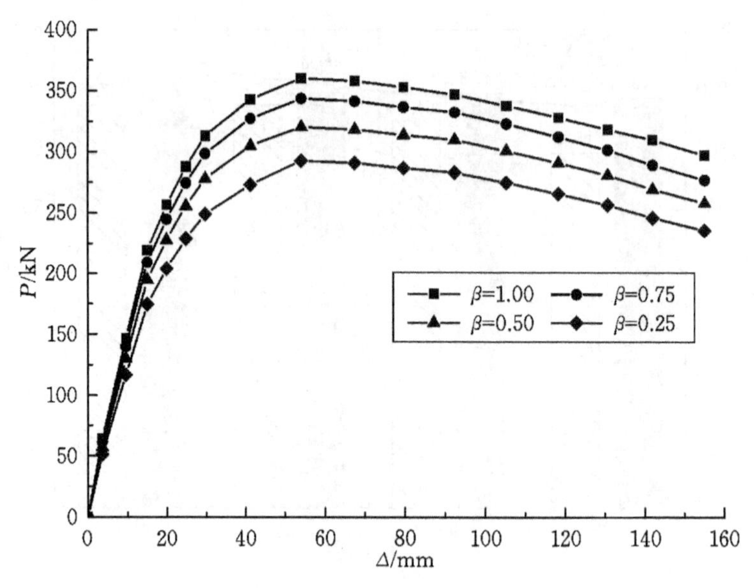

图 6.26　梁柱线刚度比对框架 P-Δ 曲线的影响

表 6.7　梁柱线刚度比对框架各阶段承载力及变形能力的影响

β	P_q/kN	P_m/kN	P_e/kN	Δ_q/mm	Δ_m/mm	Δ_e/mm
0.25	259.5	292.5	235.9	34.5	63.2	155.0
0.50	271.7	320.7	258.3	28.3	61.7	155.0
0.75	276.3	345.7	277.1	25.8	59.4	155.0
1.00	278.2	360.8	297.3	21.7	55.7	155.0

由图6.26及表6.7可知：

(1) 梁柱线刚度比的变化对框架结构初始弹性刚度以及水平荷载的峰值均造成一定影响，当 β 为0.25时，模型结构在产生第1个梁端塑性铰时的水平荷载为259.5 kN，待荷载达到峰值时，水平荷载值提高到292.5 kN，直至加载结束时，结束点的荷载值为235.9 kN，较峰值荷载下降了19.4%。

(2) 随着 β 的变大，框架梁对框架柱的制约作用加强，模型结构的弹性阶段的刚度与峰值荷载均有所提高。相较于 β 为0.25时的峰值荷载，β 为0.50、0.75和1.00时的峰值荷载分别增加了9.64%、18.2%和23.4%，表明梁在柱的制约下，有效提高了结构整体的承载能力。框架取不同梁柱线刚度比对整体结构峰值荷载及其对应水平位移的影响如图6.27所示。

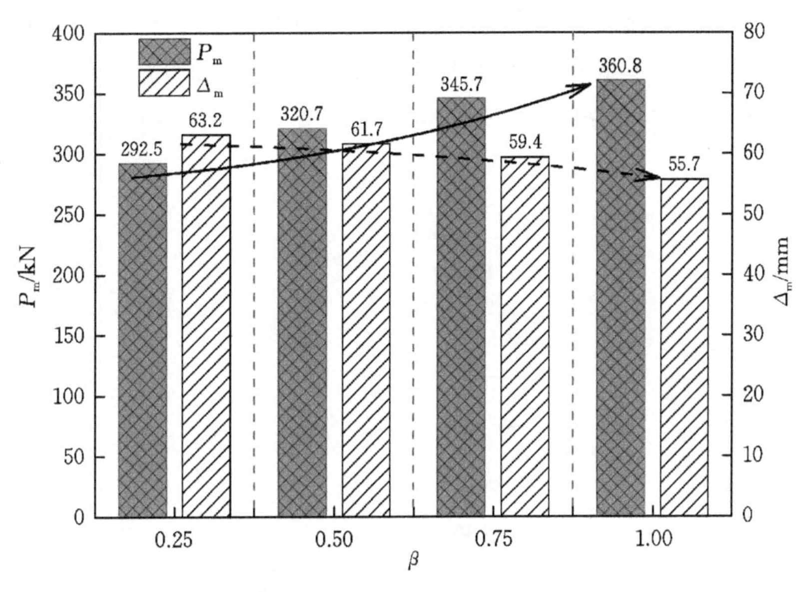

图 6.27 梁柱线刚度比对框架峰值荷载及其对应位移的影响

(3) 不同梁柱线刚度比 β 的峰值荷载 P_m 对应的顶层梁端水平位移 Δ_m，虽有降低但也较为接近。而且，β 从 0.25 提高至 1.00，结构在加载结束点处的荷载 P_e 与各自的峰值荷载 P_m 相比，分别下降了 19.4%、19.5%、19.8%和 17.6%，降幅比较接近，骨架曲线负刚度下降趋势较为一致，表明不同 β 对框架结构的位移延性影响不大。

本章小结

基于低周反复荷载作用下 SRUHSC 框架结构体系的抗震性能试验研究，应用 ABAQUS 软件，对其进行非线性有限元分析，将试验值与计算值进行对比，得出以下主要结论：

(1) 本章建立的框架三维有限元模型，通过合理地施加荷载、边界约束以及截面接触，选用合适的材料本构关系，对 SRUHSC 框架进行有限元全过程分析，模拟计算的结果与试验实测的结果均能较好地吻合，以此验证了所建模型的正确性与有效性，也为广泛的参数分析奠定了基础。

(2) 为深入研究 SRUHSC 框架的受力性能，利用 ABAQUS 有限元软件对其进行 P-Δ 骨架曲线影响参数分析，结果表明，随着混凝土强度、钢骨屈服强度以及梁柱线刚度比的增大，能够有效提高结构的水平承载能力和初期弹性段的刚度，但对结构延性的提升不大，影响较小；增大框架柱的体积配箍率和含钢率，对结构水平承载能力和延性均有明显提升，但轴压比的增大，除略微提高了结构弹性段的刚度外，结构的水平承载能力与位移延性均有明显下降。

7 总结与展望

7.1 总结

相较于普通的钢骨混凝土结构，在结构承载能力和抗震延性方面，SRUHSC 框架结构均有较明显的提升，满足了现代建筑“高强低耗”的发展需求。本书致力于 SRUHSC 框架结构体系抗震性能的研究，包括对其破坏模式、荷载-位移滞回曲线、承载能力、位移延性、耗能能力以及强度、刚度退化等一系列抗震指标进行了分析，并结合有限元数值模拟，优化了结构设计参数，为 SRUHSC 框架结构体系合理的抗震设计提供了较为理想的现实依据。本书取得的具体研究成果及结论如下：

(1) 经合理设计，SRUHSC 框架基本实现了预期的逐层梁铰破坏机制，该机制能够保证框架结构具有良好的整体延性及耗能能力，且构件破坏次序和过程满足“强柱弱梁、强剪弱弯、节点更强”的抗震要求。与普通钢筋混凝土框架结构相比，SRUHSC 框架结构的水平承载力更高，其最大弹性层间位移角和弹塑性层间位移角的限值更大，即在小震时，结构完全处于弹性工作阶段而未发生实质性破坏；在强震时，结构能产生较大的变形而耗散能量，并未倒塌。且框架整体和各层间位移延性系数均在 4.32～6.06 之间，说明结构具有良好的抗震延性，完全吻合目前世界各国钢筋混凝土设计规范中对结构延性设计的思想理念。另外，SRUHSC 框架的初始刚度较大，当结构的水平承载能力达到屈服乃至峰值以后，其刚度、强度衰减缓慢，且框架整体及各层间的荷载-位移滞回曲线均呈圆润饱满的梭形，无明显捏缩现象，表明这种结构能较好地吸收并耗散地震所施加的能量，其抗震性能明显优于普通钢筋混凝土框架结构。[11]

(2) 在 SRUHSC 框架结构实际所受的轴向荷载远大于 SRNSC 框架的情况下，SRUHSC 框架的水平承载能力更高，其层间最大弹性位移角和弹塑性位移角均优于 SRNSC 框架结构。同时，SRUHSC 框架整体及各层间位移延性系数均大于 SRNSC 框架，说明 SRUHSC 框架具有更好的抗震延性。另外，在超高强混凝土中配置高强箍筋并内置钢骨，由内而外构成多向约束体系，利用超高强混凝土的抗压性能以及钢材的抗拉、抗剪性能，相互协调，共同工作，既可充分发挥超高强混凝土优越的抗压性能，增强结构承载能力，又可通过其对混凝土的约束，改善其脆性，从而提高结构的整体延性。相较于SRNSC框架，SRUHSC框架整体及各层间的荷载-位移滞回曲线更为饱满，耗能能力更强，结构的刚度更高，强度退化更为平缓，结构更加安全。

（3）基于SRUHSC框架结构在反复荷载作用下的试验结果，充分考虑结构力学性能循环退化效应与结构耗能能力之间的关系，利用循环退化系数建立了适用于SRUHSC框架结构的恢复力模型，并运用MATLAB软件对P-Δ滞回曲线、等效黏滞阻尼系数h_{eq}、功比指数I_w、耗能比ζ四个抗震指标进行计算，通过将计算值与试验值对比，二者的吻合程度均较好，验证了本书建议的恢复力模型的有效性与可靠性，为SRUHSC框架整体结构的弹塑性分析提供了依据。同时，该恢复力模型能够反映出SRUHSC框架结构在反复荷载作用下的受力过程和主要受力特征，可较为准确地描述SRUHSC框架结构加载刚度、卸载刚度、再加载刚度、硬化刚度以及下降段的负刚度，且在加载循环过程中结构的骨架曲线出现了加、卸载刚度退化现象，滞回曲线的残余变形较为明显，且结构屈服荷载和峰值荷载的退化效应也有较好的反映，可为SRUHSC框架结构抗震性能的研究提供理论参考。

（4）基于低周反复荷载作用下两跨三层SRUHSC框架结构体系抗震性能的试验研究，应用ABAQUS软件，对其进行非线性有限元全过程分析，研究了该结构体系的承载能力、刚度退化以及出铰机制，模拟的计算结果与试验的实测结果吻合度较好，验证了所建模型的正确性与有效性。在此基础上，为进一步研究SRUHSC框架结构的受力性能，特选取轴压比、混凝土强度、框架柱的体积配箍率、框架柱的含钢率、框架柱中钢骨的屈服强度以及框架梁柱线刚度比等6个参数，对该结构体系受力性能影响因素进行了分析。结果表明，随着混凝土强度、钢骨屈服强度以及梁柱线刚度比的增大，能够有效提高结构的水平承载能力和初期弹性段的刚度，但对结构整体的抗震延性提高不大，影响较小；增大框架柱中的体积配箍率和含钢率，对结构水平承载力和抗震延性均有明显提高；然而增大轴压比，除略微提高了结构弹性段的刚度外，结构的水平承载力与抗震延性均有明显降低。

7.2 展望

目前SRUHSC结构作为工程中一个新兴的发展方向，其内容复杂且十分丰富，国内外学者对该领域的研究也属起步阶段，本书虽对SRUHSC框架结构体系的抗震性能开展了一系列的试验研究与理论分析，但鉴于作者能力和研究时间所限，许多工作只是做了探索性研究，尚存在诸多不足和遗憾，故而作者认为还需要在以下几个方面进行进一步的研究和完善：

（1）本书对SRUHSC框架结构体系进行了抗震性能试验研究，但因条件有限，模型缩尺，所得结果与实际情况还有一定差距，其研究成果的适用性需要得到进一步的验证。因此，可进行一定数量的足尺寸的模型试验，对该结构体系的破坏模态及其破坏机理进行更为准确的研究与探讨，从而更进一步为该结构的工程设计提供更为可靠的设计方法和理论支撑。

（2）本书仅对SRUHSC框架结构进行了水平地震作用下的静力推覆有限元分析，通过监测结构的侧向变形、水平承载力来评价结构及构件的损伤破坏程度，但未考虑地震力对结构作用所持续的时间、能量耗散以及混凝土累积损伤状况等因素。因此，对于楼层更高、结构动力特性改变后的情况需要进一步开展弹塑性动力时程分析。

（3）开展SRUHSC框架结构模型的振动台试验研究，从而可更为全面地研究该结构体系的整体动态特性与动态响应。

（4）随着SRUHSC框架结构在高层、超高层等建筑结构中的应用日益增多，该结构在荷载长期作用下的受力机理一直备受关注，荷载的长期作用所产生的收缩与徐变对这种结构力学性能的影响也变得越发显著，因此，开展对SRUHSC结构在长期荷载作用下的受力研究很有必要。

（5）可进行其他形式框架结构体系（如钢骨超高强混凝土柱-型钢梁组合框架结构、钢骨超高强混凝土柱-钢筋普通强度混凝土梁组合框架结构、钢骨超高强混凝土柱-钢骨超高强混凝土梁组合框架结构等一系列组合框架结构体系）抗震延性与耗能能力的试验研究，通过对不同形式结构体系受力性能的经济性和技术性等因素的分析，谋求最佳的组合结构体系形式。

附录 1 主要符号表

符号	代表意义	单位
A_e	混凝土有效约束面积	mm^2
A_g	框架柱截面面积	mm^2
A_{ss}	梁、柱截面中钢骨面积	mm^2
A_{sx}、A_{sy}	x 和 y 方向的箍筋截面面积	mm^2
A_{sv}	配置在同一截面内箍筋各肢的全部截面面积	mm^2
b	柱截面宽度	mm
b_s	钢骨的宽度	mm
b_g、h_g	柱截面两个方向最外层箍肢之间的距离	mm
c	混凝土柱核心区尺寸	mm
E_c	混凝土弹性模量或初始切线模量	MPa
E_{cm}	实测混凝土弹性模量均值	MPa
$E_{i,j}$	第 i 级加载步第 j 次循环时滞回环所围的面积	kN·m
E_s	钢材弹性模量	MPa
E_{sec}	混凝土割线模量	MPa
$E_{sum,i}$	第 i 级加载步结构总的耗能	kN·m
E_t	结构能量耗散能力	kN·m
f_c	混凝土棱柱体抗压强度	MPa
f_{cm}	混凝土棱柱体抗压强度均值	MPa
f'_c	混凝土标准圆柱体抗压强度	MPa
f_{cc}	约束混凝土的峰值抗压强度	MPa
f_{co}	无约束混凝土的峰值抗压强度	MPa
f_{cum}	混凝土立方体抗压强度均值	MPa
f_{cm}	混凝土轴心抗压强度均值	MPa
f_{cu}	混凝土立方体抗压强度	MPa
f_l	箍筋的侧向约束应力	MPa

续表

符号	代表意义	单位
f'_{lx}、f'_{ly}	x、y 两方向上的箍筋有效侧向约束应力	MPa
$F_{spalling}$	框架柱脚混凝土剥落或劈裂时对应的水平荷载	kN
f_u	钢材极限强度	MPa
f_y	钢骨屈服强度	MPa
f_{yh}	箍筋屈服强度	MPa
f_{yl}	纵筋屈服强度	MPa
f_{ys}	钢骨受拉屈服强度	MPa
f_{ysl}、f_{yst}、f_{ysw}	纵筋、钢骨翼缘和钢骨腹板受拉屈服强度	MPa
f_{yx}、f_{yz}	纵向和横向钢材受拉屈服强度	MPa
f_{yv}	钢骨剪切屈服强度	MPa
h	截面高度、中和轴高度	mm
h_s	钢骨的高度	mm
h_{eq}	等效黏滞阻尼系数	—
h_0	柱截面有效高度	mm
I_w	功比指数	—
k_3	结构试件中混凝土最大应力与 f'_c 的比值	—
k_e	有效约束系数	—
K	箍筋对混凝土强度提高系数	—
K_k	第 k 次循环时结构的割线刚度	kN/mm
K_0	初始刚度	kN/mm
K_e	弹性刚度	kN/mm
K_s	强化刚度	kN/mm
K_n	软化刚度	kN/mm
$K_{i,j}$	第 i 级加载步第 j 次循环时试件的环线刚度	kN/mm
l_n	框架梁的净跨	mm
l_0	框架的层高	mm
n	试验轴压比	—

续表

符号	代表意义	单位
N	轴向力设计值	kN
$\pm P_k$	第 k 次循环时结构正、反向的最大荷载	kN
$P_{i,j}$	第 i 级加载步第 j 次循环时滞回曲线上荷载峰值	kN
P_0	框架结构开裂时荷载	kN
P_m	框架结构峰值时荷载	kN
P_y	框架结构屈服时荷载	kN
P_u	框架结构破坏时荷载	kN
s	箍筋间距	mm
s'	相邻箍筋间净距	mm
s_x	沿柱截面高度方向纵筋的间距	mm
t_f	钢骨翼缘的厚度	mm
t_w	钢骨腹板的厚度	mm
$\pm\Delta_k$	第 k 次循环时结构正、反向的最大位移	mm
$\Delta_{i,j}$	第 i 级加载步第 j 次循环时滞回曲线上位移峰值	mm
Δ_0	框架结构开裂时位移	mm
Δ_m	框架结构峰值时位移	mm
Δ_y	框架结构屈服时位移	mm
Δ_u	框架结构破坏时位移	mm
Δ	框架顶点的侧向位移	mm
Δ_i	框架各层间侧向位移(i 为层数)	mm
Ω	曲边与坐标轴所围的面积	mm^2
β	框架梁柱线刚度比	—
β_i	退化指数	—
ν	泊松比	—
ν_m	实测泊松比均值	—
σ_s	混凝土应力	MPa

续表

符号	代表意义	单位
ε_0	混凝土峰值应力对应的应变	—
ε_c	混凝土压应变	—
ε_c'	混凝土圆柱体强度对应的峰值压应变	—
ε_{co}	f_{co}对应的应变	—
ε_{cc}	f_{cc}对应的应变	—
ε_{cr}	混凝土开裂应变	—
ε_y	钢材的屈服应变	—
ε_{uy}	钢材的硬化起点应变	—
θ	位移转角	rad
λ	剪跨比	—
ζ	耗能比	—
μ_Δ	位移延性系数	—
ρ_{cc}	纵筋在构件截面核心区的配筋率	%
ρ_l	纵筋配筋率	%
ρ_{slx}、ρ_{stx}、ρ_{sw}	纵向钢筋配筋率、钢骨翼缘含钢率和钢骨腹板含钢率	%
ρ_{ss}	含钢率	%
ρ_{sv}	体积配箍率	%
ρ_{sx}、ρ_{sz}	纵向、横向配钢率	%
ρ_x、ρ_y	x、y 两方向上箍筋体积配箍率	%
w_i	第 i 对相邻箍肢中心线之间的距离	mm

附录 2　MATLAB 后处理程序

第 6 章中，ABAQUS 有限元计算结果导出后，使用 MATLAB 编写的后处理程序。其中：X 为单元节点坐标；connect 为单元编号；elem_type 为单元类型；field 为有限元计算各单元节点的结果（应力、应变和位移等）。T3、T4、T6 分别为平面三角形 3 节点、4 节点及 6 节点单元；Q4、Q8、Q9 分别为平面四边形 4 节点、8 节点及 9 节点单元；L2、L3 为 2 节点和 3 节点线单元。B8 为空间 6 面体 8 节点单元。对于本书的框架，各材料选择的单元类型如下：混凝土选用' B8 '单元；钢筋选用' L2 '单元；而型钢则选用' Q4 '单元。具体程序如下：

```
function plot_field(X,connect,elem_type,field)
    if (size(field)==size(connect))
        elementalField=1;
    else
        elementalField=0;
    end
    % -----------Fill X if needed ------------
    if (size(X,2)<3)
        for c=size(X,2)+1:3
            X(:,c)=zeros(size(X,1),1);
        end
    end
    holdState=ishold;
    hold on
    % -----------Plot plane elements ------------
    if (strcmp(elem_type,'T3'))       % T3 element
        ord=[1,2,3,1];
    elseif (strcmp(elem_type,'T4'))   % T4 element
        ord=[1,2,3,1];
    elseif (strcmp(elem_type,'T6'))   % T6 element
        ord=[1,4,2,5,3,6,1];
```

```
elseif (strcmp(elem_type,'Q4'))  % Q4 element
    ord=[1,2,3,4,1];
elseif (strcmp(elem_type,'Q8'))  % Q8 element
    ord=[1,5,2,6,3,7,4,8,1];
elseif (strcmp(elem_type,'Q9'))  % Q9 element
    ord=[1,5,2,6,3,7,4,8,1];
elseif (strcmp(elem_type,'L2'))  % L2 element
    ord=[1,2];
elseif (strcmp(elem_type,'L3'))  % L3 element
    ord=[1,3,2];
end
% -----------Plot three dimensional elements ------------
for e=1:size(connect,1)
  if (strcmp(elem_type,'B8'))
      ord1=[1,2,3,4,1];
      ord2=[1,2,6,5,1];
      ord3=[3,4,8,7,3];
      ord4=[1,4,8,5,1];
      ord5=[2,3,7,6,2];
      ord6=[5,6,7,8,5];
      xpt1=X(connect(e,ord1),1);ypt1=X(connect(e,ord1),2);zpt1=
      X(connect(e,ord1),3);
      xpt2=X(connect(e,ord2),1);ypt2=X(connect(e,ord2),2);zpt2=
      X(connect(e,ord2),3);
      xpt3=X(connect(e,ord3),1);ypt3=X(connect(e,ord3),2);zpt3=
      X(connect(e,ord3),3);
      xpt4=X(connect(e,ord4),1);ypt4=X(connect(e,ord4),2);zpt4=
      X(connect(e,ord4),3);
      xpt5=X(connect(e,ord5),1);ypt5=X(connect(e,ord5),2);zpt5=
      X(connect(e,ord5),3);
      xpt6=X(connect(e,ord6),1);ypt6=X(connect(e,ord6),2);zpt6=
      X(connect(e,ord6),3);
      if (elementalField)
          fpt1=field(e,ord1);
          fpt2=field(e,ord2);
```

```
            fpt3=field(e,ord3);
            fpt4=field(e,ord4);
            fpt5=field(e,ord5);
            fpt6=field(e,ord6);
        else
            fpt1=field(connect(e,ord1));
            fpt2=field(connect(e,ord2));
            fpt3=field(connect(e,ord3));
            fpt4=field(connect(e,ord4));
            fpt5=field(connect(e,ord5));
            fpt6=field(connect(e,ord6));
        end
        fill3(xpt1,ypt1,zpt1,fpt1);fill3(xpt2,ypt2,zpt2,fpt2);
        fill3(xpt3,ypt3,zpt3,fpt3);fill3(xpt4,ypt4,zpt4,fpt4);
        fill3(xpt5,ypt5,zpt5,fpt5);fill3(xpt6,ypt6,zpt6,fpt6);
  % -----------Others element type ------------
      else
            xpt=X(connect(e,ord),1);
            ypt=X(connect(e,ord),2);
            zpt=X(connect(e,ord),3);
            if (elementalField)
              fpt=field(e,ord);
            else
              fpt=field(connect(e,ord));
            end
              fill3(xpt,ypt,zpt,fpt)
         end
      end
      shading interp
      axis equal
      if (~holdState)
          hold off
      end
  end
```

参 考 文 献

[1] AZIZINAMINI A,GHOSH S K.Steel Reinforced concrete structures in 1995 Hyogoken-Nanbu Earthquake[J].Journal of structural engineering,1997,123(8):986-992.

[2] 胡庆昌.1995 年 1 月 17 日日本阪神大地震中神户市房屋结构震害简介[J].建筑结构学报,1995,16(3):10-12.

[3] 陈虹,王志秋,李成日,等.海地地震灾害及其经验教训[J].国际地震动态,2011(9):36-41.

[4] 苏幼坡,张玉敏.唐山大地震震害分布研究[J].地震工程与工程振动,2006,26(3):18-21.

[5] 中国地震信息网.2008 年四川汶川地震报告[DB/OL].http://www.csi.ac.cn/eportal/ui?pageId=6&articleKey=2151&columnId=265.

[6] 李宏男,肖诗云,霍林生.汶川地震震害调查与启示[J].建筑结构学报,2008,29(4):10-19.

[7] MAHIN S A. Lessons from damage to steel buildings during the Northridge Earthquake[J].Engineering structures,1998,20(4):261-270.

[8] CHEN C C,LIN N J.Analytical model for predicting axial capacity and behavior of concrete encased steel composite stub columns[J].Journal of constructional steel research,2006,62(5):424-433.

[9] ELLOBODY E,YOUNG B.Numerical simulation of concrete encased steel composite columns[J].Journal of constructional steel research,2011,67(2):211-222.

[10] NAITO H,AKIYAMA M,SUZUKI M.Ductility evaluation of concrete-encased steel bridge piers subjected to lateral cyclic loading[J].Journal of bridge engineering,2011,16(1):72-81.

[11] 平振东.型钢混凝土结构在国内外的研究及工程应用[J].四川建筑,2009,S1:195-197.

[12] 颜锋,肖从真,徐培福,等.北京国贸三期工程高含钢率型钢混凝土异型柱试验研究[J].土木工程学报,2010,43(8):11-20.

[13] 薛素铎,赵均,高向宇.建筑抗震设计:Seismic design of buildings[M].北

京:科学出版社,2012.

[14] 中华人民共和国住房和城乡建设部.建筑抗震设计规范:GB 50011—2010[S].北京:中国建筑工业出版社,2010.

[15] 闫长旺.钢骨超高强混凝土框架节点抗震性能研究[D].大连:大连理工大学,2009.

[16] LÉGERON F, PAULTRE P. Behavior of high-strength concrete columns under cyclic flexure and constant axial load[J].ACI structural journal,2000,97(4):591-601.

[17] PAULTRE P, LÉGERON F, MONGEAU D. Influence of concrete strength and transverse reinforcement yield strength on behavior of high-strength concrete columns[J].ACI structural journal,2001,98(4):490-501.

[18] 朱伟庆.型钢超高强混凝土柱受力性能的研究[D].大连:大连理工大学,2014.

[19] 洪海禄.C100 高性能混凝土在某工程中的应用[J].广州建筑,2005(3):37-40.

[20] BASU A.Computation of failure loads of composite columns[J].ICE proceedings,1968,40(3):557-578.

[21] 姜睿.超高强混凝土组合柱抗震性能的试验研究[D].大连:大连理工大学,2007.

[22] 贾金青,姜睿,厚童.钢骨超高强混凝土框架柱抗震性能的试验研究[J].土木工程学报,2006,39(8):14-18.

[23] LU Y,HAO H,CARYDIS P,et al.Seismic performance of RC frames designed for three different ductility levels[J].Engineering structures,2001,23(5):537-547.

[24] GIONCU V.Framed structures.Ductility and seismic response:general report[J]. Journal of constructional steel research, 2000, 55 (1-3):125-154.

[25] LEE D,SONG J,YUN C.Estimation of system-level ductility demands for multi-story structures[J]. Engineering structures, 1997, 19 (12):1025-1035.

[26] ZHU W Q, JIA J Q, GAO J C, et al. Experimental study on steel

reinforced high-strength concrete columns under cyclic lateral force and constant axial load[J].Engineering structures,2016,125:191-204.

[27] 曾磊.型钢高强高性能混凝土框架节点抗震性能及设计计算理论研究[D].西安:西安建筑科技大学,2008.

[28] 中华人民共和国住房和城乡建设部.组合结构设计规范:JGJ 138—2016[S].北京:中国建筑工业出版社,2016.

[29] 中冶集团建筑研究总院.钢骨混凝土结构技术规程:YB 9082—2006[S].北京:冶金工业出版社,2006.

[30] YAO D L,JIA J Q,WU F,et al.Shear performance of prestressed ultra high strength concrete encased steel beams[J].Construction & building materials,2014,(52):194-201.

[31] 贾金青,朱伟庆,余芳,等.型钢超高强混凝土柱截面曲率延性研究[J].土木工程学报,2013(1):42-51.

[32] 贾金青,刘伟,涂兵雄.钢骨超高强混凝土框架边节点抗震性能试验研究[J].哈尔滨工程大学学报,2017,38(2):1-9.

[33] 邓国专.型钢高强高性能混凝土结构力学性能及抗震设计的研究[D].西安:西安建筑科技大学,2008.

[34] 丁大钧.高性能混凝土及其在工程中的应用[M].北京:机械工业出版社,2007.

[35] 蒲心诚.超高强高性能混凝土[M].重庆:重庆大学出版社,2004.

[36] 蒲心诚,王志军.超高强高性能混凝土的力学性能研究[J].建筑结构学报,2002,23(1):49-55.

[37] 王冲,O'Moore Liza.超高强微钢纤维增韧混凝土的制备及其力学性能研究[J].土木工程学报,2009,42(6):1-7.

[38] 陈应钦,吴海平.100～120 MPa 大流动性高性能混凝土的研究[J].混凝土,2002(1):34-36.

[39] 郭向勇.高强混凝土脆性评价方法及其增韧措施的研究[D].武汉:武汉大学,2005.

[40] 谭克锋.水灰比和掺合料对混凝土抗冻性能的影响[J].武汉理工大学学报,2006,28(3):58-60.

[41] 杜修力,田予东,窦国钦.纤维超高强混凝土的制备及力学性能试验研究[J].混凝土与水泥制品,2011(2):44-48,71.

[42] 田予东,杜修力,李悦,等.超高强混凝土的配制及基本力学性能试验研究[J].混凝土,2008(4):77-80.

[43] WILLE K,NAAMAN A E,EL-TAWIL S,et al.Ultra-high performance concrete and fiber reinforced concrete:achieving strength and ductility without heat curing[J].Materials and structures,2012,45(3):309-324.

[44] WILLE K,NAAMAN A E,PARRA-MONTESINOS G J.Ultra-high performance concrete with compressive strength exceeding 150 MPa (22 ksi):A simpler way[J].ACI materials journal,2011,108(1):46-54.

[45] JUSTNES H,ELFGREN L,RONIN V.Mechanism for performance of energetically modified cement versus corresponding blended cement[J].Cement and concrete research,2005,35(2):315-323.

[46] 冯乃谦.高性能与超高性能混凝土技术[M].北京:中国建筑工业出版社,2010.

[47] JIA L J,HUI H B,YU Q H,et al.The application and development of ultra-high-performance concrete in bridge engineering[J].Advanced materials research,2014,859(5):238-242.

[48] SCHMIDT M, FEHLING E. Ultra-high-performance concrete: Research,development and application in Europe[J].American Concrete Institute (ACI),2006(1):51-77.

[49] FENG N Q.Development and application of high performance concrete [J].Construction Technology,2003,32(4):1-6.

[50] JIANG R,JIA J Q,XU S L.Seismic ductility of very-high-strength-concrete short columns subject to combined axial loading and cyclic lateral loading[J].Journal of Chongqing University (English edition),2007,6(3):205-212.

[51] LOKUGE W P,SANJAYAN J G,SETUNGE S.Stress-strain model for laterally confined concrete[J].Journal of materials in civil engineering,2005,17(6):607-616.

[52] SARGIN M, HANDA V K, GHOSH S K. Effects of lateral reinforcement upon the strength and deformation properties of concrete [J].Magazine of concrete research,1971,23(75 & 76):99-110.

[53] WANG P T,SHAH S P,NAAMAN A E.Stress-strain curves of normal

and lightweight concrete in compression[J].Journal of the American Concrete Institute,1978,75(11):603-611.

[54] AHMAD S H,SHAH S P.Stress-strain curves of concrete confined by spiral reinforcement[J].Journal of American Concrete Institute,1982,79(6):484-490.

[55] AHMAD S H,EL-DASH K M.A model for stress-strain relationship of spirally confined normal and high-strength concrete columns [J]. Magazine of concrete research,1995,47(171):177-184.

[56] ATTARD M. Stress-strain relationship of confined and unconfined concrete[J].ACI materials journal,1996,93(5):432-442.

[57] ASSA B, NISHIYAMA M, WATANABE F. New approach for modeling confined concrete. Ⅰ: Circular columns [J]. Journal of structural engineering,2001,127(7):743-750.

[58] KENT D C,PARK R.Flexural members with confined concrete[J]. Journal of the structural division,1971,97(7):1969-1990.

[59] PARK R,PRIESTLEY M J N,GILL W D.Ductility of square-confined concrete columns[J].Journal of the structural division,1982,108(4):929-950.

[60] SCOTT B D.Stress-strain behavior of concrete by overlapping hoops at low and high strain rates[J].Journal of American Concrete Institute,1982,79(1):13-27.

[61] SHEIKH S A, UZUMERI S M. Analytical model for concrete confinement in tied columns[J].Journal of the structural division,1982,108(12):2703-2722.

[62] SAATCIOGLU M, RAZVI S R. Strength and ductility of confined concrete[J].Journal of structural engineering,1992,118(6):1590-1607.

[63] SALAMAT A H,RAZVI S R,SAATCIOGLU M.Confined columns under eccentric loading[J].Journal of structural engineering,1995,121(11):1547-1556.

[64] RAZVI S, SAATCIOGLU M. Confinement model for high-strength concrete[J].Journal of structural engineering,1999,125(3):281-289.

[65] MENDIS P, PENDYALA R, SETUNGE S. Stress-strain model to

predict the full-range moment curvature behaviour of high-strength concrete sections[J]. Magazine of concrete research, 2000, 52(4): 227-234.

[66] EL-TAWIL S M,DEIERLEIN G G.Fiber element analysis of composite beam-column cross-sections[M]. New York: Structure Engineering, 1996.

[67] 聂建国,陶慕轩,黄远,等.钢-混凝土组合结构体系研究新进展[J].建筑结构学报,2010,31(6):71-80.

[68] AISC.Load and resistance factor design specification for structural steel buildings[S]. Chicago, IL: American Institution of Steel Construction (AISC),1993.

[69] SHANMUGAN N E, LEE S L. Composite steel structures: Recent research and developments [M]. Amsterdam: Elsevier Applied Science,1991.

[70] JOHN P,COOK P E.Composite construction methods[M].New York: A Wily-interscience Publication,1977.

[71] JOHNSON R P.Composite structures of steel and concrete. Volume 1. beams,columns, frames and applications in building[M]. New York: New Hamphire,1975.

[72] SHAKIR-KHALIL H.Composite columns in multi-storey buildings[C]// Composite Construction in Steel and Concrete. New York: American Society of Civil Engineers (ASCE),2011:738-752.

[73] BUCKNER C D.Composite construction in steel and concrete[M].New York:American Society of Civil Engineers (ASCE),1988.

[74] ACI Committee.Building code requirements for reinforced concrete:ACI 318—71[S].New York:ACI Structural Journal,1970.

[75] British Standards Institute.Steel,concrete and composite bridges.Part 4. Code of practice for design of concrete bridges[S]. London, United Kingdom:British Standards Institute,1984.

[76] EN 1994-1-1 Eurocode 4: Design of composite steel and concrete structures.Part 1.1:General rules for buildings[S].Brussels,Belgium: European Committee for Standardization,1992.

[77] KAMINSKA M E. High-strength concrete and steel interaction in RC members[J]. Cement & concrete composites, 2002, 24(2): 281-295.

[78] SHANMUGAM N E, LAKSHMI B. State of the art report on steel-concrete composite columns[J]. Journal of constructional steel research, 2001, 57(10): 1041-1080.

[79] RICLES J M, PABOOJIAN S D. Seismic performance of steel-encased composite columns[J]. Journal of structural engineering, 1994, 120(8): 2474-2494.

[80] SHERIF E T, GREGORY G D. Strength and ductility of concrete encased composite columns[J]. Journal of structural engineering, 1999, 125(9): 1009-1019.

[81] SHERIF E T, GREGORY G D. Nonlinear analysis of mixed steel-concrete frames. II: Implementation and verification [J]. Journal of structural engineering, 2001, 127(6): 656-675.

[82] CHEN C C, LI J M, WENG C C. Experimental behaviour and strength of concrete-encased composite beam-columns with T-shaped steel section under cyclic loading[J]. Journal of constructional steel research, 2005, 61(7): 863-881.

[83] JIA J Q, YAN C W, WANG H T, et al. Seismic performance of steel reinforced ultra high strength concrete columns[J]. Journal of Sichuan University (Engineering Science Edition), 2009, 41(3): 216-222.

[84] 车顺利.型钢高强高性能混凝土梁的基本性能及设计计算理论研究[D].西安:西安建筑科技大学,2008.

[85] 李俊华,王新堂,薛建阳,等.低周反复荷载下型钢高强混凝土柱受力性能试验研究[J].土木工程学报,2007,40(7):11-18.

[86] 唐九如,陈雪红.劲性混凝土梁柱节点受力性能与抗剪强度[J].建筑结构学报,1990,11(4):28-36.

[87] 姜维山,赵鸿铁,周小真,等.劲性钢筋混凝土(SRC)框架节点抗剪强度的研究[J].钢结构,1988,1(1):17-22.

[88] 王连广,贾连光,张海霞.钢骨高强混凝土边节点抗震性能试验研究[J].工程力学,2005,22(1):182-186.

[89] YAN C W, JIA J Q. Seismic performance of steel reinforced ultra high-

strength concrete composite frame joints[J]. Earthquake engineering and engineering vibration,2010,9(3):439-448.

[90] 薛建阳,赵鸿铁.型钢钢筋混凝土框架振动台试验及弹塑性动力分析[J].土木工程学报,2000,33(2):30-34.

[91] 刘祖强.型钢混凝土异形柱框架抗震性能及设计方法研究[D].西安:西安建筑科技大学,2012.

[92] 李忠献,张雪松,丁阳,等.翼缘削弱的型钢混凝土框架抗震性能研究[J].建筑结构学报,2007,28(4):18-24.

[93] 郑山锁,邓国专,李磊,等.型钢高强高性能混凝土框架结构抗震性能的试验研究[J].工程力学,2009,26(5):88-93.

[94] CHEN C H,LAI W C,CORDOVA P,et al.Pseudo-dynamic test of full-scale RCS frame: Part Ⅰ—Design, construction and testing[C]// Proceedings of 2003 International Workshop on Steel and Concrete Composite Constructions,2003(4):107-118.

[95] CORDOVA P,CHEN C H,LAI W C,et al.Pseudo-dynamic test of full-scale RCS frame: Part Ⅱ—Analysis and design implications[C]// Proceedings of the 2004 Structures Congress,2004(5):119-132.

[96] BURSI O S,ZANDONINI R,SALVATORE W,et al.Seismic behavior of a 3D full-scale steel-concrete composite MR frame structure[C]// Composite Construction,2004:18-23.

[97] SALARI M R, SPACONE E. Analysis of steel-concrete composite frames with bond-slip[J].Journal of structural engineering, 2001, 127(11):1243-1250.

[98] JIA J Q,ZHU W Q,YU F,et al.Curvature ductility of steel-reinforced ultra-high-strength concrete column sections[J].China civil engineering journal,2013,46(1):42-51.

[99] JIN C H,PAN Z F,MENG S P,et al.Seismic behavior of shear-critical reinforced high-strength concrete columns[J]. Journal of structural engineering,2015,141(8):11-67.

[100] 贾金青,马英超,封硕.高轴压比作用下型钢超高强混凝土框架抗震试验研究[J].湖南大学学报(自然科学版),2016,43(9):1-9.

[101] GUIRGUIS S,KELL D,MUNN R L.High performance concrete[J].

Construction & building materials,1993,22(12):878-888.
[102] ATCIN P C.Ultra high strength concrete[J].Science and technology of concrete admixtures,2016,27(2):503-523.
[103] XIAO Y,YUN H W.Experimental studies on full-scale high-strength concrete columns[J].ACI structural journal,2002,99(2):199-207.
[104] ZHU W Q,MENG G,JIA J Q.Experimental studies on axial load performance of high-strength concrete short columns[J].Structures and buildings,2014,167(9):509-519.
[105] OU Y C,KURNIAWAN D P.Effect of axial compression on shear behavior of high-strength reinforced concrete columns[J].ACI structural journal,2015,112(2):209-219.
[106] PAULTRE P,LÉGERON F,MONGEAU D.Influence of concrete strength and transverse reinforcement yield strength on behavior of high-strength concrete columns[J].ACI structural journal,2001,98(4):490-501.
[107] YAN C W,JIA J Q.Seismic performance of steel reinforced ultra high-strength concrete frame joints[J].Earthquake engineering and engineering vibration,2010,9(3):439-448.
[108] LIN K C,HUNG H H,SUNG Y C.Seismic performance of high strength reinforced concrete buildings evaluated by nonlinear pushover and dynamic analyses[J].International journal of structural stability and dynamics,2016,16(3):1-27.
[109] ZHU W Q,JIA J Q.Experimental study on seismic behaviors of steel reinforced high strength concrete columns[J].Journal of building structures,2015,36(4):57-67.
[110] ELLOBODY E,YOUNG B.Numerical simulation of concrete encased steel composite columns[J].Journal of constructional steel research,2011,67(2):211-222.
[111] EL-TAWIL S,DEIERLEIN G G.Strength and ductility of concrete encased composite columns[J].Journal of structural engineering,1999,125(9):1009-1019.
[112] FAN G X,SONG Y P,WANG L C.Experimental study on the seismic

behavior of reinforced concrete beam-column joints under various strain rates[J].Journal of reinforced plastics and composites,2014,33(7):601-618.

[113] 高向宇,杜海燕,张惠,等.国标 Q235 热轧钢材防屈曲支撑抗震性能试验研究[J].建筑结构,2008,38(3):91-95.

[114] HENDY C R,JOHNSON R,GULVANESSIAN H.Eurocode 4—Design of composite steel and concrete structures—Part 2:General rules and rules for bridges[S].Brussels:Commission of European Communities,2006.

[115] MA H,XUE J Y,LIU Y H,ZHANG X C.Cyclic loading tests and shear strength of steel reinforced recycled concrete short columns[J].Engineering structures,2015,92(3):55-68.

[116] PARK R.Evaluation of ductility of structures and structural assemblages from laboratory testing[J].Earthquake engineering,1989,22(3):155-166.

[117] MA H,XUE J Y,ZHANG X C,LUO D M.Seismic performance of steel-reinforced recycled concrete columns under low cyclic loads[J].Construction and building materials,2013,48(6):229-237.

[118] 中华人民共和国住房和城乡建设部.建筑抗震试验规程:JGJ/T 101—2015[S].北京:中国建筑工业出版社,2015.

[119] EL-TAWIL S,DEIERLEIN G G.Nonlinear analysis of mixed steel-concrete frames.I:Element formulation[J].Journal of structural engineering,2001,127(6):647-655.

[120] EL-TAWIL S,DEIERLEIN G G.Nonlinear analysis of mixed steel-concrete frames.II:Implementation and verification[J].Journal of structural engineering,2001,127(6):656-665.

[121] 梁岩,罗小勇.锈蚀钢筋混凝土压弯构件恢复力模型研究[J].地震工程与工程振动,2013,33(4):202-209.

[122] 马颖,张勤,贡金鑫.钢筋混凝土柱弯剪破坏恢复力模型骨架曲线[J].建筑结构学报,2012,33(10):116-125.

[123] XIAO J Z,HUANG X,SHEN L M.Seismic behavior of semi-precast column with recycled aggregate concrete[J].Construction & building

materials,2012,35(10):988-1001.

[124] LI W,HAN L H.Seismic performance of CFST column to steel beam joint with RC slab: Joint model[J]. Journal of constructional steel research,2010,66(11):1374-1386.

[125] LI W,HAN L H.Seismic performance of CFST column to steel beam joints with RC slab: Analysis [J]. Journal of constructional steel research,2011,67(1):127-139.

[126] 郭子雄,吕西林.高轴压比框架柱恢复力模型试验研究[J].土木工程学报,2004,37(5):32-38.

[127] 殷小溦,吕西林,卢文胜.配置十字型钢的型钢混凝土柱恢复力模型[J].工程力学,2014,31(1):97-103.

[128] 闫长旺,杨勇,贾金青,等.钢骨超高强混凝土框架节点恢复力模型[J].工程力学,2015,32(12):154-160.

[129] 刘伟,贾金青,涂兵雄.型钢超高强混凝土框架边节点恢复力模型研究[J].水利与建筑工程学报,2016,14(1):112-117.

[130] KRAWINKLER H, ZOHREI M. Cumulative damage in steel structures subjected to earthquake ground motions[J].Computers & structures,1983,16(1):531-541.

[131] WANG C H,FOLIENTE G C,SIVASELVAN M V,et al.Hysteretic models for deteriorating inelastic structures[J].Journal of engineering mechanics,2001,127(11):173-188.

[132] RAHNAMA M,KRAWINKLER H.Effect of soft soils and hysteresis models on seismic design spectra[R].Blume Earthquake Engineering Research Center, Department of Civil Engineering, Stanford University,1993.

[133] GOSAIN N K,BROWN R H,JIRSA O.Shear requirements for load reversals on RC members[J].Journal of the structural division,1977,103(7):1461-1475.

[134] 石亦平,周玉蓉.ABAQUS有限元分析实例详解[M].北京:机械工业出版社,2006.

[135] NIE J G,QIN K,CAI C S.Seismic behavior of composite connections—flexural capacity analysis[J].Journal of constructional steel research,

2009,65(5):1112-1120.

[136] 张秀琴,过镇海,王传志.反复荷载下箍筋约束混凝土的应力-应变全曲线方程[J].工业建筑,1985,15(12):18-22.

[137] MANDER J B,PRIESTLEY M J N,PARK R.Theoretical stress-strain model for confined concrete[J]. Journal of structural engineering, 1988,114(8):1804-1826.

[138] YALCIN C,SAATCIOGLU M.Inelastic analysis of reinforced concrete columns[J].Computers & structures,2000,77(5):539-555.

[139] POPOVICS S. A numerical approach to the complete stress-strain curve of concrete[J].Cement & concrete research,1973,3(5):583-599.

[140] RICHART F E, BRANDTZAEG A, BROWN R L. A study of the failure of concrete under combined compressive stresses[J].University of Illinois Engineering Experiment Station Bulletin, 1928, 26(12): 42-77.

[141] COLLINS M P. Structural design considerations for high-strength concrete[J].Concrete international,1993,15(5):27-34.

[142] YONG Y K,NOUR M G,NAWY E G.Behavior of laterally confined high-strength concrete under axial loads[J]. Journal of structural engineering,1988,114(2):332-351.

[143] 王彦宏.型钢混凝土偏压柱粘结滑移性能及应用研究[D].西安:西安建筑科技大学,2004.